沈福煦／编著

中国
建筑史
（增补版）

上海人民美术出版社

前言

　　这本《中国建筑史》，内容包括中国古代建筑史、中国近代建筑史和中国现当代建筑史。这是一本提供给艺术院校相关专业作为中国建筑史课程的教材，也可作为社会文化工作者或建筑历史爱好者阅读、参考的书籍。这本教材在内容和体制上比较新颖和全面，全书共分九章，第一章是中国的史前及先秦建筑，第二章是秦汉及魏晋南北朝建筑，第三章是隋、唐、五代建筑，第四章是两宋建筑，第五章是辽、金、西夏及元代建筑，第六、七章是明清建筑，第八章是近代建筑，第九章是现当代建筑。

　　本书的时间跨度从史前时期一直写到20世纪与21世纪之交，这也是此书的一个特点。在以往的许多建筑历史书中，一般只写到20世纪中叶，或者对20世纪60至70年代粗粗带过。这实际上是很可惜的，因为近十几年我国的建设事业兴旺发达，特别是20世纪最后十几年，有许多优秀的建筑异彩纷呈。当然，这本《中国建筑史》只是探索性地来论述这些建筑，本着"抛砖引玉"的想法，让诸专家及广大读者作为参考。

　　今天的时事就是明天的历史。半个世纪前是"现状"，今天就变成了"历史"。正如本书的最后部分是对建筑的未来的展望，书中引用《世界建筑》1994年第二期中的文章《"大趋势"与建筑的十大趋势》，讨论一下今后建筑的发展趋势。文章发表至今已经12年过去了，这12年以后的今天，回头看一看文中所说的内容，大部分都在如同预料的那样进展着，有的也不尽如所料。这也是史学上的一个问题，但在今天的快节奏的时代，这种史学观无疑是可取的。

　　这本《中国建筑史》，从策划到最后完稿，只用不到一年的时间，这也是一种快节奏。当然速度快，未免粗糙，还要请广大读者多多指出书中的缺点与不足之处，以求再版时做得更完善。在此，还要感谢沈燮葵老师对此书的大力协助，在此致谢。

沈福煦识于上海

2011.10

目 录

　　因为本书的读者对象是建筑学或者与建筑学相关的专业的学生，所以本书就以此为出发点，围绕塑造人才来展开。从建筑文化出发来编织历史，是本书的结构准则。例如，明清时期的民居，因为地方的气候、水文地质以及人文形态的不同而各具特色，像北京四合院、江南水乡民居、皖南民居、东北大院、福建土楼、云南诸少数民族民居、西藏碉房、新疆维吾尔族民居及蒙古包等等。又如宗教建筑。历史上的宗教建筑，无论是佛教建筑、道教建筑还是儒教建筑，我们都不能撇开宗教只说建筑，否则就无法进一步分析建筑与宗教的关系，也就是它们的功能、它们的深层哲理性（如佛教寺院中的放生池，为什么要设放生池、形式如何等）。

　　从教学出发，本书还强调"厚今薄古"的观点。建筑历史有古代部分和近现代部分，但我们要更重视近现代部分。建筑历史这门课的开设目的是，让本专业的学生对建筑有个全面的认识，了解建筑形态的来龙去脉。我国历史（唐虞夏商周、秦汉三国晋、宋齐梁陈隋、唐宋元明清）上的建筑，有一个系统，我们对这些建筑要做系统的把握；到了近代，我国建筑又是如何发展，并如何与外国建筑发生关系，也要在比较中进行把握；到了当代，我国的建筑又是如何变化的，这就是"文脉"。建筑不同于纯工程技术对象，建筑还有许多艺术文化内涵，因此本书在近代和现当代的篇幅较多（要比以往所编写的建筑史多）。学生学习建筑史，更需了解现当代建筑史。如当代部分，我们在书中列举了许多当代建筑，如上海博物馆、上海大剧院、上海图书馆、东方明珠电视塔、上海金茂大厦、上海浦东国际机场、广州白天鹅宾馆、广州中国大酒店及广州天河体育中心等等。这些建筑，对学生的专业学习有最直接的帮助。所以对这些建筑的分析，必然落到建筑历史这门课上。

马克思在《〈政治经济学批判〉导言》中说："艺术对象创造出懂得艺术和能够欣赏美的大众——任何其他产品也都是这样。因此，生产不仅为主体生产对象，而且也为对象生产主体。"（《马克思恩格斯选集》第二卷，95页，人民出版社，1972年）建筑不仅是工程技术对象和艺术文化对象，它还对人有潜移默化的作用，或者就叫"钟灵毓秀"。江南水乡人家，他们的居住环境是和谐的，自然、人文，都是那么优美、雅致。直到今天，我们对那些江南水乡小镇仍是那么地如痴如醉、流连忘返，正是这个缘故。

我国的古代建筑，自殷周至明清，可以说变化不大，而西方则不同：古希腊、古罗马是一种形态，中世纪又是一种形态，文艺复兴又一变化，直到古代晚期，变化是明显的。这种不变与变，其实与社会形制有关，也与文化和观念有关。我国古代，无论是社会结构，还是人文形态、观念形态，变化都甚少。汉代的董仲舒认为"天不变，道亦不变"。他不提倡变，主张重复，用今天的话来说就是"改朝换代，结构不变"。因此无论是秦汉时代的宫殿，还是唐宋时代的宫殿，或者是明清时代的宫殿，其总体格局差异很小。唐代的长安城和皇宫，就是利用隋代的大兴城和皇宫，几乎将其原封不动地作为都城和皇宫；清代的北京和皇宫，也利用明代的北京和皇宫，几乎全部接收过来。

宫殿形态虽然出于社会政制所需（功能），但这种宫殿形态，反过来则影响统治者（使用者）的观念。这本书在写作过程中始终把这一点作为观点，贯彻在书中，让学生（读者）对此有深一层的认知，或者说表现出一种史学观。

中国传统文化有许多深层哲理内涵，这种内涵也通过建筑表达出来。例如，中国传统建筑多朝南，南北向中轴线布局，此不同于西方（西方建筑多为东西向）。这当然是与我国的地理位置、气候条件有关。朝南的建筑，居住条件最好，所谓"冬暖夏凉"。后来这种关系便被上升为文化与观念，衍生出许多"意义"。例如，朝南被说成是"寿比南山"；朝东次之，被说是"紫气东来"；朝北和朝西均不太好。

中国历史上有"五行"说，"五行"说早在先秦时期就有（最早见于《尚书》）。"五行"源于五种物质形态，即金、木、水、火、土。人们将其与朝向联系起来：木为东，金为西，火为南，水为北，加上土为中，便是五个方位。同时，人们又将其与四种动物联系起来：青龙在东，白虎在西，朱雀在南，玄武

（一种神龟）在北，人则在中，这四种神奇的动物成了人的保护神。"五行"之说，还与其他概念有关，如颜色、味觉、声音等等，如下表：

木	东	青	酸	角	青龙
火	南	赤	苦	徵	朱雀
土	中	黄	甘	宫	（人）
金	西	白	辛	商	白虎
水	北	黑	咸	羽	玄武

中国传统建筑还有一个特点，就在它的空间性。中国的空间观是内向的，是将内部空间包起来的。如住宅，人居其中，建筑物在四周，中间是天井（院子），人在里面活动、生活。这个天井则成了采光、通风和人际交往的地方。如果家庭人口多了，就向其四周扩展，再建造一个至数个这样的四合院空间，多多益善。如浙江东阳的卢宅，天井多得数不清。中国文化是一统性的，住宅如此，城市也如此。一个城市，四周是城墙，形成内向空间。明初朱元璋定都南京，提出"九字方针"，即"高筑墙，广积粮，缓称王"。"高筑墙"就是城市范围的内向空间，如果范围再扩大，那就好比秦始皇造万里长城了。这种内向性的观念甚至可以扩展到整个宇宙空间。战国时期的庄子（约前369年～前286年）曾说："六合之外，圣人存而不论；六合之内，圣人论而不议……"（《庄子·齐物论》）其意思是说：宇宙以外的事物，圣人听任它，但不去论说它；宇宙内的事物，圣人论说它，但不去指责它。这正是内向观念的表述。

这种内向观念当然也与文字有关。中国的汉字是方块字，不管笔画多少，都占同样的空间（方块），有的信息量多，就用笔画多来表述。如"福"，就有祖有宗，有人口，有田地等；外国字就不同，在英文中，用伸展字头、字尾来扩展其信息量，如Deconstructionism（解构主义），多达17个字母。这就是不同文化的不同表达方式。中国的建筑，从深层意义来说就包含着这些内容。这些内容在这本《中国建筑史》中有所阐述。

　　我国有漫长的历史，从有文化记述的殷周时期开始，经历春秋、战国、秦、汉、魏晋、南北朝、隋、唐、五代、两宋、辽、金、西夏、元、明、清，延续达3500余年，这在世界历史上可谓独一无二，所以我国在文化上有着丰厚的积淀。在建筑上也同样，世界上没有一个国家和地区的建筑，能延续达3000余年（指形式不变）。我们常说"秦砖汉瓦"，正是这个特点。书中说的陕西扶风的一个西周时期的建筑遗址，就说明这一点(参见第20页)。从这个建筑的平面可知，它已经是个四合院多进式的建筑了。这正说明我国建筑的一个重要特征：变化少，传统性强。其实这个建筑特征来自中国传统文化。如上面说的，虽然我国在历史上更换了许多朝代，但社会形制不变，甚至一些异族统治者，如辽、金、元、清等，也都如此，或者说大同小异。建筑，有意无意地表现出不同社会的历史特征。

　　正由于"改朝换代，结构不变"这一特征，所以历朝历代的建筑，我们几乎都可以用同一种体例进行论述。如秦汉及魏晋南北朝的建筑（第二章），我们用都城、宫殿、寺庙、住宅、园林等内容来论述。隋、唐、五代的建筑（第三章），也是如此。以后各章节，也大同小异。到了近代、现当代，建筑的内容和形式才有了很大的变化。

　　无论是建筑学专业的学生，还是其他实用美术等专业的学生，对中国建筑有个系统的了解都是十分必要的。我国古代建筑的艺术文化性，其中最重要的是伦理性，包括许多的细部装饰和色彩，它们是为完成其伦理上的使命。如建筑上是否可以用斗拱、用几铺做的斗拱、彩画是否可以用、屋脊上的仙人走兽的数量等，都不能随心所欲，而是有等级的。

　　中国古建筑的许多细部装饰图案，几乎都不是纯艺术的。例如民居中的仪门，门上的雕饰看起来是很美的，如"桃园结义""二十四孝"等等。门窗雕饰也同样如此。美，在中国古代往往是与伦理结合在一起的，很少是纯艺术的。

　　中国古代的宗教，也与伦理有密切的关系，即使是外来的佛教，到了中国，也被改造成符合中国古代伦理等级系统的宗教。这种伦理等级系统在建筑空间中体现出来。我国最早的佛寺——洛阳的白马寺，就已经显示出这种形式了。自南向北，其先是山门，然后有天王殿、大雄殿、千佛殿、观音阁，最后是清凉台，上有毗卢阁。后来历朝历代所建的寺庙，都是这种格局。有的寺庙有多条中轴线，如浙江天台山的国清寺，有四条南北向的中轴线。这种形式，实际上与我国传统民居很相似，或者说出自同一个系统。例如苏州民居铁瓶巷（现已被并入干将西路）顾宅，也是四条中轴线。宫殿（如北京故宫）也是如此。因此，我们将它们统一起来认识，将其相互联系起来今得出一个结论：在我国，无论东西南北，历朝历代，这种关系始终不变。建筑，在其时间和空间上都反映着这种关系。

到了19世纪中叶，我国数千年结构不变的社会及其文化发生了改变。最明显的是从19世纪中叶开始，我国的一些沿海城市出现了租界（settlement）。"五口通商"，广州、福州、厦门、宁波、上海这五个城市成为开放的通商口岸。随着西方经济的大量东渐，西方文化也在这些地方向我国传播，接着便是这座数千年的"封建大厦"走向终结。书中特别对上海的一些建筑做了重点的论述。工部局（租界行政管理执行机构）、公董局（租界里的行署性机构）、工厂、商店、银行、邮电、学校、旅馆、医院、剧院、电影院、体育场馆、车站、码头以及各类居住建筑等大量兴建。这些建筑的形式大部分都是西式的（有西方古典的和近现代的）。城市整体形态也是西式的。这就使中国走出古代，走向近现代。但不要忘记，在这中间中国是带着令人心酸的事件走过来的。例如，上海外滩的中国银行大楼，由于它在沙逊大厦（英国人沙逊的产业）边上，所以不可以造得比沙逊大厦高，遂由原来设计的34层削减为17层，比沙逊大厦低60厘米。这种耻辱何止一二！

然而，中国毕竟前进了，从古代走到了当代，商业和金融发展了，现代工业发展了，教育及其他各领域都发展了，遂使我们中华民族与世界进步的步伐一致了。书中强调了我国现当代建筑的迅速崛起，从20世纪80年代开始，北京、天津、上海、广州、深圳及珠海等城市出现了大量现代新建筑。书中特别强调上海浦东新区的迅速发展。新建的上海环球金融中心（高492米）、东方明珠电视塔（高468米）、金茂大厦（高421米），在世界当代建筑中享有很高的地位，它们不但高度特别高，而且形式新颖别致。这也说明建筑是一面反映时代的明亮的镜子。

建筑不仅仅是工程技术对象，也不仅仅是艺术对象，更是社会文化对象。这是建筑历史教学的主题，当然也是这本书的主题。

第一章
史前及先秦建筑

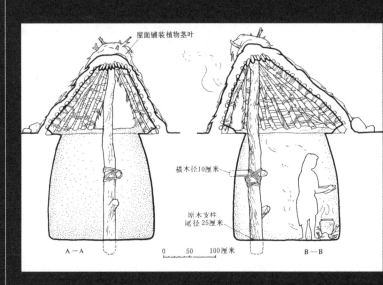

屋面铺装植物茎叶

横木径10厘米

原木支柱
尾径25厘米

A—A

0   50   100厘米

B—B

1.1 史前文化与建筑

1.1.1 据考古发掘的我国人类遗址

我国是一个历史悠久的文明国度。据史书记载，我国已有5000年的文化历史。但在这里我们要区分文明和文化这两个不同的概念：文化，自从有了人类，应当说就有文化；文明则不同，人类进入文明时代，有两个重要标志——文字的产生和金属的使用（也有的认为有第三个标志，即城市的产生）。文明以前的文化，被称为史前文化。从文明开始，有文字记述，我们称之为信史时代。我国的信史时代始于殷商时代。殷是地方，大概在如今的河南北部安阳一带，商是朝代。

我国的史前时代，据考古发掘的云南"元谋人"距今已达170万年了。1965年，我国考古工作者在云南的元谋上那蚌村发现猿人化石，这是我国发现的最早的人类化石。其他如蓝田、马坝、大荔、山顶洞等地，也被发现有早期人类聚居的迹象。

上海虽是一座于现代兴起的大城市，但它也很古老。早在距今五六千年以前，这里已是个不小的聚落了。今上海市西南的青浦区有个崧泽村，20世纪50年代末，人们在此发掘出"古上海人"的遗物遗骸。据考古学家研究，它们距今已约4900~5900年了。这里有古墓葬百余座，还出土了大量的石器、玉器、陶器、骨器等，这是新石器时代的史前文化。从这些已经相当精美的器物中我们可以了解到，当时不但已具有较高的生产技术水平，而且也已具有较高的艺术文化水平。可惜的是当时的建筑究竟是什么式样，还无实物为证。据考古发掘，今青浦崧泽的假山墩遗址被发掘到远古时代的建筑遗址。据分析，当时的建筑，是一种半地下式的圆形建筑，虽然它们上部的结构早已消失，建筑形象已无存，但我们还能在这些遗址中了解到它们的平面布局和某些生活状态。据考古发掘，这种房子的底部铺有细沙、坑灰等，这说明当时的人们已懂得地面防潮。墙面是用树枝编织起来的。

这里还要说上海青浦区重固镇的福泉山遗址。20世纪80年代后，考古工作者在此进行了大规模的考古发掘，此处被称为"中国的金字塔"，这里有距今约6000年的远古人类遗址。所谓"金字塔"，其实是个不甚高的土堆，人们在该地发掘出大量的史前文物，如石斧、石犁、玉璧、玉鸟、背水陶壶等等。人们在该地还发掘到大墓，即良渚大墓。

良渚位于浙江杭州西北，良渚文化是我国远古南方文化的重要遗址、文化层。所谓良渚文化，是据考古工作者在这里发掘出的文物来定位的。早在1936年，人们在浙江省杭州市余杭区的良渚镇附近发现诸多的原始社会晚期的遗物。当时这里以农、渔、牧及采集业为主，生产工具以石器为主，有斧、凿、石犁、石刀等，说明当时人们已从"刀耕火种"进入犁耕阶段。良渚文化作为一个文化层，包括的范围甚广，除了良渚及其附近的好多地方外，也包括上面说到的上海青浦、松江等许多地方。

1.2 我国南方史前建筑
1.2.1 浙江余姚河姆渡建筑遗址

我国的古建筑，最早的要数浙江余姚的河姆渡（村）的史前建筑了。当然这些建筑如今早已成了化石。但它们足以证明这是迄今人们所发现的人类最早的木构建筑。

遗址总面积约四万平方米，堆积厚度约四米，叠压着四个文化层。其中第四层的时代，经过对有关文物的C-14测定，距今约6900年。第三、四层保存了大量的植物遗存、动物遗骸、木构建筑遗迹和构件，以及数以千计的陶器、骨器及木桨。

在遗址中，一排排的木桩和板桩沿着小山坡呈扇形分布，颇有规律。根据这些遗迹分析，这是一种底层架空的长屋，即干栏式建筑。其中大的长23米余，深约7米，前廊深1.3米。许多木构件上有榫头和卯口，说明其采用了榫卯结点的技术，这是我国现已发现的古代木构建筑中最早的榫卯，见右页图1-1。

1.2.2 巢居，南方史前建筑的基本形式

在中国古代的神话传说中，建造房屋的神祇是"有巢氏"。《庄子·盗跖篇》

中说："古者禽兽多而人少，于是民皆巢居以避之。昼拾橡栗，暮栖木上，故命之曰有巢氏之民。"《韩非子·五蠹》中也有类似的说法。这些记述也许很难考证，但至少它影响了我国的文明史和文化形态。

在江南诸地，人们发掘出远古时候大量的木材加工工具：一是伐木工具，二是成材工具。图1-2是浙江余姚河姆渡出土的骨凿、石楔、角凿等。图1-3是可重复利用的木构件。

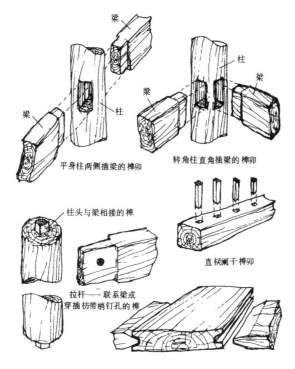

图1-1 河姆渡木构建筑中的榫卯

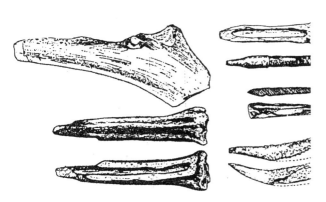

图1-2 浙江余姚河姆渡出土的骨凿、石楔、角凿等

图1-3 可重复利用的木构件

1.3 我国北方史前建筑

1.3.1 概说

我国史前时期的建筑，"下者为巢，上者为营窟"（《孟子·滕文公下》）。北方多为穴居（营窟），南方多为巢居。我国北方，由于气候和地理条件等原因，多为穴居。在今西安市东郊的半坡、临潼区城北的姜寨等地，考古工作者发掘出许多远古聚落遗址及其建筑（遗址）。

我国北方的史前穴居建筑，有个发展的过程。一般说，早期多为竖穴，这种形式后来渐渐加大增深，用树干（留住枝丫）作为人们出入洞口的扶梯，上面又加顶盖，如图1-4所示。后来，人们也许觉得如此深的洞穴，出入不够方便，于是就改成半穴居的形式，如图1-5所示。这种形式又由袋形半穴居发展成为直壁半穴居。这种形式的洞穴，都有比较考究的屋顶。屋顶由中间一根木支撑发展成多杆支撑，最后渐渐地向地面发展，建于地面上的建筑出现了，如图1-6所示。

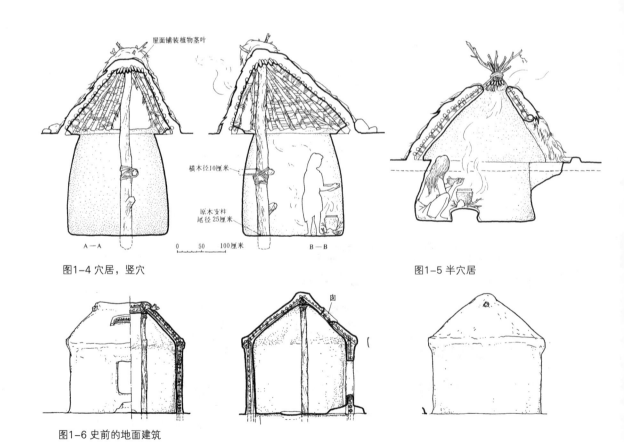

图1-4 穴居，竖穴

图1-5 半穴居

图1-6 史前的地面建筑

1.3.2 半坡遗址

据考古发掘，今西安市东郊的半坡村被发掘到许多史前时期的穴居建筑遗址。这些聚落距今已达5000余年，属仰韶文化层（仰韶位于豫西渑池附近）。图1-7是其中的一个建筑（臆复式样），这一建筑的室内地面与室外地面基本上一样高。周围柱洞应是侧部围护结构的遗迹。值得注意的是，据发掘记录，南部的入口处排列有柱洞，说明门限（穴壁概念的矮墙）很高，以至需要内设木骨。这是初期的地面建筑形式，实际上是构筑起来的木骨泥墙代替挖土形成四壁。复原墙高，可以竖穴的一般深度来估算，约80厘米～100厘米高。门内外有垫土作为踏跺。墙上的屋面亦推算为半穴居的情形。房子的构架，根据中轴偏北的中柱位置，可设想屋顶木构，一中柱为中间支点，先架一椽，悬臂至室中心，形成其余柱椽的顶部支点，从而形成端正的方锥形屋顶。

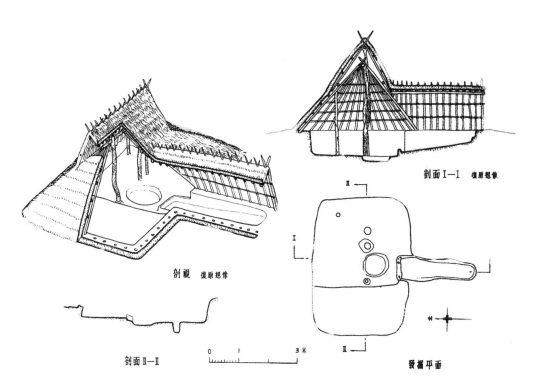

图1-7 陕西西安半坡村原始社会方型住房复原想象图

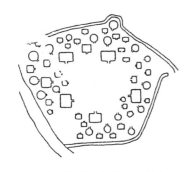

图1-8 大型史前聚落遗址——姜寨
遗址平面图（部分）

1.3.3 姜寨遗址

姜寨位于陕西西安临潼区城北的姜村。这里有一处大型的史前聚落遗址。这个遗址也属仰韶文化层。遗址总面积达两万余平方米。这里已被发掘出房屋基址百余座，还被发现有大量的窖穴、墓葬等，它们所反映出的史前新石器时代聚落形态，从建筑形态来说与半坡的（建筑）相仿，但从总体布局来说，则更为完整和典型。图1-8是其中的一部分。整个居住区的北、东、南三面，为一条壕沟所围，西南端有一条河流。除了半坡和姜寨，我国北方的其他很多地方也有不少史前穴居聚落。如山东的龙山（位于鲁西北），这里的建筑遗址多为圆形平面的半地穴式房屋。但更早期的遗址，建筑平面形状也有方形的，而且大小不一，但均为半穴居形式。陕西西安长安区客省庄的半地穴式房子（遗址），以及河南安阳后冈、河北邯郸、安徽寿县等地的聚落，基本上均属龙山文化层。

甘肃宁县、宁夏海原县莱园村、辽宁建平牛河梁、内蒙古大青山等地，均有史前聚落遗址。从史前文化层来说，比较重要的还有甘肃的马家窑、齐家坪，辽宁西部的红山，山东泰安大汶口等处。这些地方都有史前建筑遗址，基本上均为半穴居形式。

1.4 殷商及西周建筑

1.4.1 殷商文化与建筑

商是朝代，从史书记载来说，汤武革命，推翻了腐败昏庸的夏朝末代统治者桀的统治，建立了商朝。不过这时还没有出现文字，都是根据后人史书记载的。商灭夏，据史学研究，大约在公元前1710年。不过商朝中期，已出现了文字，即甲骨文（就是刻在龟甲或兽骨上的文字）。从此以后，我国便进入了"信史时代"，或者说我国真正地进入了文明时代。这个时代距今大约3600年。

殷是地方，位于现在河南北部的安阳市一带，这里有"殷墟"之称。

从建筑遗址来说，人们在今河南北部发掘出多处殷代建筑（遗址）。

1.4.2 偃师二里头殷代宫殿遗址

位于河南北部的偃师二里头的殷代宫殿遗址，据考古学家研究分析，是迄今所知最早的完整的殷代宫殿遗址。图1-9是发掘出来的遗址情况。图1-10是人们根据文献资料所绘制的复原形式。在一个广阔的夯土基地上，周围用长屋（廊庑形式）环绕成一个内院，院正中为一座大型建筑物，即图1-10的形式。建筑的基址夯土一般都比较高。这个宫廷的大门设在院子南侧廊庑的中间。大门很考究，一是为了出入，二是为了防卫，三是为了宣扬统治者的精神、人格。门的东西两端有小房间，叫"塾"，近乎现在的门卫间。院子的东侧还有一个门，此门较小而次要，据研究此门称"闱"，是当时供宫中妇女出入的。

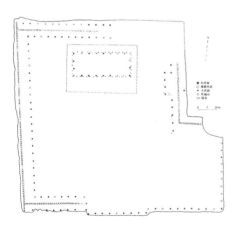

图1-9 偃师二里头殷代宫殿遗址

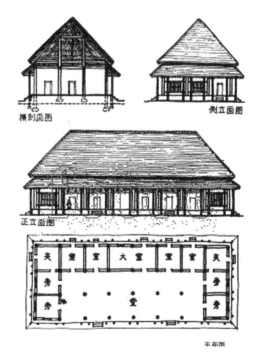

图1-10 偃师二里头殷代宫殿复原想象图

1.4.3 周原西周建筑遗址

位于今陕西省扶风、岐山两县交界处的周原，据考古发掘，是西周时期的一座建筑遗址。图1-11是它的平面图。在这里，人们又发掘出许多筮卜甲骨文，古文字学家识读后认为它是当时的一个宗祠。

1.4.4 陵墓

陵墓也是建筑，我国很早就有帝王陵墓，如陕西黄陵县的黄帝陵、山西临汾的尧陵、湖南宁远的舜陵及浙江绍兴的禹陵等。

这里说的是一座殷代陵墓，图1-12是这座陵墓的剖面和平面图。这座陵墓位于河南安阳市后冈。人们在陵墓内还发现许多人殉，这是我国奴隶社会早期的特点之一。这座陵墓的形状是在土层中挖一个方形的深坑作为墓穴。墓穴向地面掘有南北坡道。南坡道为斜坡，估计是安葬时推枢车的。北坡道为踏级。穴的中央用巨大的木料砍成长方形断面，互相重叠，构成井干式墓室，称"椁"（据《中国古代建筑史》，刘敦桢主编，中国建筑工业出版社，1980年）。

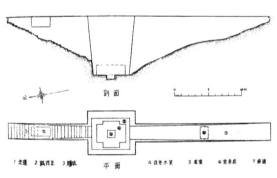

图1-12 河南安阳后冈殷代陵墓剖面及平面图

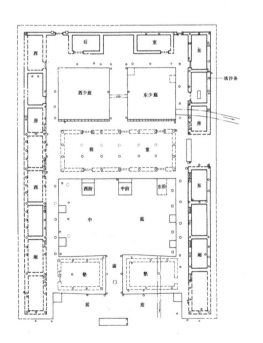

图1-11 周原西周建筑遗址平面图

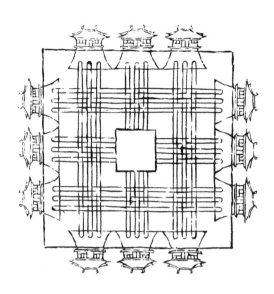

图1-13 周代都城形制

图1-14 燕下都

1.5 春秋战国时期的建筑

1.5.1 城市形制

春秋战国作为一个历史时期，在建筑上的成就很多，包括建筑与城市形制、建筑的遗址、遗物等，这也说明我国早在距今2000余年前，已有丰富的建筑文化了。

从文献资料上知道，当时的城市和建筑已经相当规范化了。《周礼·考工记》（此书虽是汉代整理而成，但记录的均是周代的城市与建筑史实）中关于都城形制，有一段重要的记述："匠人营国，方九里，旁三门，国中九经九纬，经涂九轨，前朝后市……"意思是说：匠人（相当于今之规划设计师）营建都城，其范围为九里见方，每边有三个城门，城内东（即左）置庙，即帝王的祖庙；西置社稷（即谷神）坛。城的南部（即前面）是朝廷宫殿；北部（即后面）是市场和居民区。图1-13就是据《三礼图》所绘的这种都城的平面图。

1.5.2 春秋战国时期的城市

春秋战国时期，天下四分五裂，各地诸侯纷纷营建自己的都城，因此这一时期我国的城市建设发展得很快。此处说几座重要的城市。

燕下都。据史书记载，燕都在蓟城。考古学家根据文献资料，于20世纪70年代在北京房山的琉璃河一带发掘出一座古城，经专家研究认为这就是燕都蓟城。可是从历史文化和考古发掘情况来看，燕下都更为有名。燕下都位于河北易县城东南，介于北易水和中易水之间。这座城市的营建年代，据考证不晚于战国中期的燕昭王时期（前311年~前279年）。燕下都是当时燕国的一座重要城市。燕下都以两个方形城做不规则的组合。城东西约8.3千米，南北约4千米。城墙用黄土版筑，残存遗址宽7米至10米不等。城内分东西两部分。东部主要是宫室、官署、作坊等，西部似为后来扩建的。宫室位于东部北端，有高大的夯土台，长135米，高7.6米，呈阶梯状。附近还有一些建筑遗址，可能是此台的附属性建筑遗址。考古学家认为，此台很可能就是"黄金台"遗址。（图1-14）

吴都阖闾。春秋时期，我国南方渐渐发达，当时有楚、吴、越等国。它们不但有强大的政治、军事实力，而且经济、文化也很繁荣。吴国都城阖闾，即今之苏州。

阖闾城是吴国的政治和军事中心，城内有王宫衙署，驻有军队。在阖闾城西郊的上方山建有鱼城，可居高临下，为军事要塞。阖闾城也是吴国的经济中心，城内有许多作坊、市场。当时冶炼技术很发达。阖闾城自建造至今，已有2500余年了，这座城在当时来说是一座雄伟的都城，说明当时我国南方不但政治、军事和经济已很发达，其文化也相当繁荣。

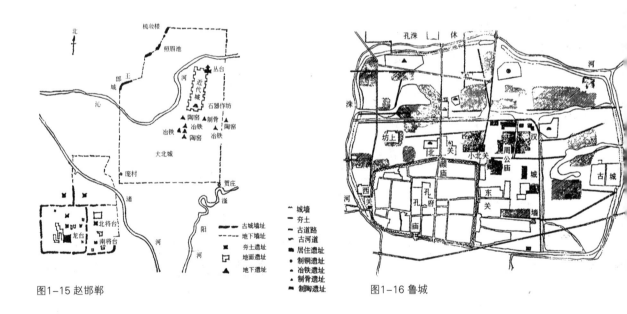

图1-15 赵邯郸

图1-16 鲁城

赵邯郸。这是当时赵国的都城。据《史记》中所记，赵国于公元前386年定都邯郸，直到公元前228年为秦国所灭，长达158年。这座城位于今河北省邯郸市西南。邯郸在当时分王城与廓城两部分。王城即宫城，由东城、西城、北城三部分组成，平面如"品"字，城内总面积约5公顷。遗址四面有蜿蜒起伏的夯土城墙和凹形门址。其中西城近正方形，边长约1420米，周围有残高3米~8米的夯土城墙，保存较好，每面城墙都有两处门址，其中各有一门直通主体建筑"龙台"。"龙台"位于城中部偏西，这里相传为王宫。东城为不规则的长方形，城内东西最宽处926米，南北1442米，城中有南北两大夯土台，据考证这里就是赵王阅兵点将的地方。北城更不规则，这里也被发掘出一些夯土基址。据分析研究，赵王城可能毁于秦二世二年（公元前208年）。北城即"大北城"，是赵国都城中人们生产、生活之地。经发掘研究，城址平面为不规则的长方形，东西约3.2千米，南北约4.8千米。人们在遗址中发掘出许多战国时期的遗物，并发现制骨、石器、炼铁、制陶、水井等遗址遗骸。（图1-15）

鲁城。此城在今山东曲阜。这座城市远在鲁国建立之前就有好多文化史料。从历史上看，曲阜作为都城，最辉煌的要算春秋时期的鲁国了。鲁国都城曲阜的形状近乎扁方形，四周筑有城墙。南段城墙笔直，东、北、西三段弯曲，似是地形之故，城的四角略呈圆弧状。城周长11.77千米。据《太平寰宇记》引《曲阜县志》："古鲁城，春秋之时鲁国都也。其城凡有十二门。"这十二座门分别为"正南曰稷，左曰章，右曰雩；正北曰圭，左曰齐，右曰龙；正东曰建春，左曰始明，右曰鹿；正西曰史，右曰麦，归德，其左也，当时天下学者由是门入，故鲁人以此名之"。如今人们已发掘出11座门。（图1-16）

齐都临淄。齐最早为周的封侯之地，在今山东之西北。此城最早约建于公元前11世纪。公元前221年，齐被秦所灭。

齐都临淄城约建于公元前4世纪，城址在今山东省淄博市临淄区城北，当时的城墙残址如今尚在。城由大小两座城组成。大城南北约4.5千米，东西约4千米；小城在大城的西南面，城周长约7千米余，总面积约15平方千米，是春秋战国时期诸都城中最宏大的一座城。城内有以"桓公台"为主体的大片建筑群（今为基址）。桓公台高14米，台基近乎椭圆，南北长86米，建于生土之上，位于小城西部偏北。桓公台是当时齐国寝庙之所在。城边有淄河，位于大城东城墙，是天然护城河。（图1-17）

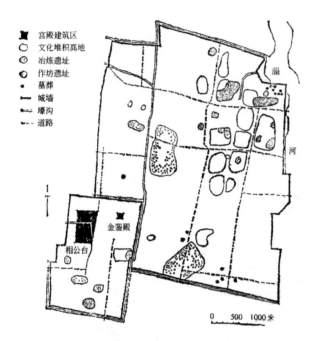

图1-17 齐都临淄

1.5.3 建筑形制

春秋战国时期的宫殿建筑，沿用西周之制。《周礼》中对于宫殿有严格的形制。"天子诸侯皆三朝"，即"外朝""治朝""燕朝"。燕朝之后，则是"六宫六寝"。"天子五门"，"诸侯三门"。"五门"即自南至北的皋门、库门、稚门、应门、路门，"三门"即库门、稚门、路门。

外朝的作用：凡立新帝、迁都或遇国家危难时，在此与大臣、贵族们商议大事。这里还处理狱讼、公布法令、举行大典等。外朝也称"大朝"。一般在宫城外面还有"大廷"，类似广场、大院。

治朝在外朝之北，其作用是帝王日常与群臣治事的场所。《礼记·玉藻》中有"君，日出而视之，退适路寝听政"之说。治朝又称"日朝""常朝"。

燕朝在治朝之北，是举行册命，接见群臣及宗族们议事、宴饮，举行庆典及帝王听政等的场所。"燕"古通"宴"。

燕朝之后为"六寝""六宫"。"六寝"是"路寝一，燕寝五"。路寝的建筑，一般前为堂，后为室。堂的左右叫"夹"或"厢"，室的左右为"房"。

我国古代的宫殿、住宅及其他建筑，一般都是中轴线对称布局，南北向。《礼记·礼器》曰："礼有以多为贵者……有以高为贵者……礼有以文为贵者……"古代将建筑以具体的尺度规定下来："天子之堂九尺，诸侯七尺，士三尺。"

复习思考题

1.何谓史前？我国的史前建筑分哪两大类？

2.浙江余姚河姆渡史前遗址发掘出来的建筑木构件具有什么意义？

3.找出《周礼·考工记》有关都城的记述，要求原文和解释。

4.简要分析河南偃师二里头的殷代宫殿遗址。

5.春秋战国时期的宫殿形制，据《周礼》所记"三朝"做简要的阐述。

第二章

秦汉及魏晋南北朝建筑

2.1 秦代建筑

2.1.1 概说

秦始皇于公元前221年灭六国，统一中国。

秦代虽然只有短短的十几年，但在建筑上也有比较伟大的成就：闻名天下的万里长城、如今称"世界第八大奇迹"的秦始皇陵以及壮丽雄伟的阿房宫。

2.1.2 秦长城

如今北京八达岭的长城，已是明代所建的长城了。秦长城现在基本上已消失，尚有一些残基。但在历史上，最有名的是秦代所建的"万里长城"。

据史书记载，所谓长城，早在秦以前就有了。公元前776年，周幽王在今陕西省西安附近的骊山上，大举烽火于城台，为的是博得爱妃褒姒之一笑，但终于酿成大祸。这说明长城和烽火台至少在西周的时候就有了。春秋战国时期，楚国在今河南、湖北一带建有国界性的城墙。其他如赵、韩、魏、燕、齐、秦等，也都在自己的国界处筑城墙。后来秦扫平六国，决定把这些城墙拆除，派大将蒙恬率30万大军，花了10年工夫，把燕、赵、秦的北方边界连起来，这就是万里长城了。这座长城的作用，是抵御北方的一些民族（如匈奴等）。秦长城西起甘肃的临洮（今岷县），经今之宁夏、内蒙古、陕西、山西、河北等地，直到辽东，总长超过5000千米。

2.1.3 阿房宫

秦代的阿房宫是众所周知的大宫殿。据《史记·秦始皇本纪》所载，此宫"东西五百步，南北五十丈，上可以坐万人，下可以建五丈旗"。可惜好景不长，不数年，其就被西楚霸王项羽付之一炬，相传当时"火三月不灭"。如今遗址尚在。

据考证，阿房宫在秦咸阳城以南，即今西安市三桥镇南，夯土台绵延起伏，其前殿遗址东西可达1300米，南北约500米，至今最高处仍高出地面十余米。

2.1.4 陵墓

我国先秦时期的帝王陵是十分考究的。此处列举几例。

一是黄帝陵，其位于今陕西省黄陵县。相传黄帝是我们中华民族的祖先。黄帝陵在黄陵县城北的桥山上。这座陵墓高3.6米，陵周约48米。陵前有碑亭，碑上书"黄帝陵"三字。后面还有一座碑亭，碑上刻"桥陵龙驭"四字。后来历代皇帝前来祭祀，多有碑刻，使这里的环境更富有皇家陵墓之气质。

二是大禹陵，其位于浙江绍兴。据《史记·夏本纪》中记载："或曰禹会诸侯江南，计功而崩，因葬焉，命曰会稽。"此陵由禹陵、禹庙组成。禹陵位于禹庙之东。庙西有河，有禹贡桥，过桥向东南行，即禹陵，今尚存一座"大禹陵"碑亭。禹庙的布局很有特点，依山就势，南北向中轴线布局：过拱桥即为庙之西南角，有西辕门可入，进入庙内须转一个弯才到庙的中轴线上。中轴线自南向北，地势由低而高，南墙一块照壁，壁前一石亭，即岣嵝碑亭。向北为午门，门内又一院落，北首数十级台阶，上为祭厅，其北又一院子，正北即禹庙之大殿，高20余米，歇山重檐屋顶，屋脊上有"地平天成"四字，建筑形态巍峨壮观。殿内大禹塑像，后屏绘有九把斧头，意为他治水开通九条河流。

三是秦始皇陵。与上面说的几座陵墓不同，秦始皇陵确实是埋葬秦始皇遗体的陵墓。上面说的黄帝陵和大禹陵均是据史书记载后所建的。秦始皇陵位于今西安市临潼区城东约5千米处，南为骊山，北有渭水。据《史记·秦始皇本纪》所述："始皇初即位，穿治骊山，及并天下，天下徒送诣七十余万人，穿三泉，下铜而致椁，宫观百官奇器珍怪徙臧满之。"公元前246年，年仅13岁的秦始皇登基即位不久，就开始建造自己的陵墓了。但是直到他50岁去世（公元前210年），陵墓

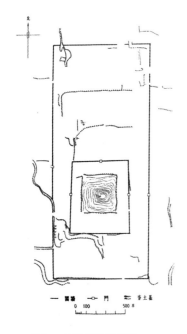

图2-1 秦始皇陵平面图

还未完全造好,可见其工程之浩大。这座陵墓的设计,可谓用尽心机。在埋葬秦始皇遗体时,皇宫内的宫娥被殉葬其中,修墓的工匠也被关闭其中活埋入墓内。(图2-1)

　　秦始皇陵是一座由人工用土堆成的山陵,虽经两千多年的风雨侵蚀,至今它的高度仍有近50米,可见其当年的雄姿。现存陵墓为方锥形夯土台,底边东西345米,南北350米。墓周围有两层墙垣。内垣周长3千米,外垣周长6千米。这座陵墓虽经项羽破坏,但地下之物尚存。近年来,人们在陵墓的外周已发掘出兵马俑、铜马车等千余件文物。秦始皇陵的做法,后来影响到汉代乃至汉代以后的历朝历代。(图2-2)

图2-2 秦始皇陵

2.2 两汉建筑

2.2.1 西汉都城长安

公元前206年，西楚霸王项羽率军攻入咸阳，焚毁秦宫室，从此咸阳衰落。公元前202年，刘邦击败项羽，建立西汉王朝，建都长安，从此建立了稳定的政权，历二百余年。公元9年，王莽篡位，建立"新王朝"，但不久刘秀夺回政权，恢复汉室，建都洛阳，是为东汉。东汉又历二百余年。于公元220年分裂为魏、蜀、吴，东汉解体。两汉合计四百余年，对中华文化影响甚大，如今我们仍称"汉人"，就是由此而来。"汉承秦制。"秦汉两个朝代对建筑影响很大，中国古代建筑有许多定制多是这一时期所定的。

西汉都城长安，位于今西安市的西北。这座城市要比当时的古罗马城大数倍。

西汉长安城的外形不甚规则（图2-3），这也许是受到地形的影响，但史书上说其形状是按星座形状而造的。"城南为'南斗'形，北为'北斗'形，至今人呼汉京城为斗城是也。"（《三辅黄图》）

汉初，刘邦称帝，丞相萧何协助建城造宫，并向刘邦提议："天子以四海为家，非壮丽无以重威，且无令后世有以加也。"（《史记·高祖本纪》）但大规模的建设，还是到了汉武帝时才开始。

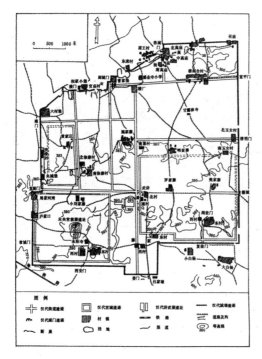

图2-3 西汉长安城示意图

长安城内街道宽畅，又植行道树，形态壮观而又很有情趣。城内宫殿占去了几乎一半面积。未央宫在城西南，长乐宫在城东南，城的北面还有桂宫、明光宫等。西汉末年，王莽篡位，城内大乱，从此长安衰落。东汉建都洛阳。

2.2.2 东汉都城洛阳

洛阳号称"九朝古都"，早在夏代，这里就是"禹都阳城"，但当时尚无文字记载。后来这里又是商代的"汤都西亳"。西周的"洛邑"，东周的王城，相传是按《周礼·考工记》营建都城的规范建城的。图2-4就是据文献资料所绘的东汉洛阳城图。

东汉光武帝建武元年（公元25年）入洛阳，将其定为都城，起高庙、建社稷，立郊兆于城南，建南宫、明堂、灵台、辟雍等，洛阳成为一座很像样的都城。据西晋皇甫谧的《帝王世纪》中说："城东西六里十一步，南北九里一百步。"城南护城河，共设12座城门，壮观非凡。城内有大街24条，街旁植行道树，开挖水沟。城内南北二宫，富丽堂皇，有大国风度。

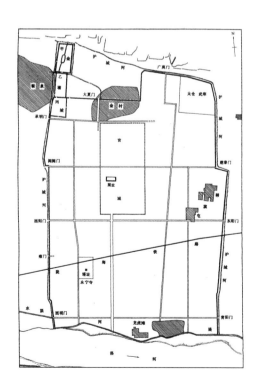

图2-4 东汉洛阳城图

2.2.3 两汉的宫殿

西汉的宫殿，主要是汉长安城内的未央宫和长乐宫，还有明光宫及桂宫等。在此着重说未央宫和长乐宫。

未央宫位于长安城的西南，建于汉高祖七年（公元前200年），先建东阙、北阙、前殿、武库、天禄、麒麟、石梁等阁，后又有所增建。汉代未央宫内主要的建筑达四十余座。未央宫的主要宫门有东门与北门，立东阙、北阙，阙内有司马门。未央宫前殿为"大朝"，前面设端门。殿之东有宣明、广明两殿，西有昆德、玉堂两殿，殿西还有白虎殿。前殿后面有石渠、天禄两阁。内庭有宣室殿，为宫的正寝，另有温室、清凉两殿。椒房殿为皇后所居。昭阳舍、增城舍、椒风舍、掖庭等为嫔妃所居。其他还有柏梁台、武库、苍池等。据《西京杂记》中说："建北阙未央宫。周回二十二里。九十五步五尺。街道周回七十里。台殿四十三。其三十二在外。其十一在后。宫池十三山六池一山一亦在后宫。门闼凡九十五。"未央宫今存基址，近方形，周长8560米，其面积约为4.6平方千米。

东汉都城洛阳的宫殿：汉光武帝时代（公元25年～公元57年）人们建造南宫，汉明帝时代（公元58年～公元75年）人们建造北宫，汉和帝至灵帝时代（公元89年～公元189年），人们又陆续建造了东宫、西宫等，可见洛阳的宫殿建设时间延续得很长。

东汉洛阳南宫之正门，即京城南面之正门，位于洛阳城偏东处。北宫在洛阳城的东北，南北二宫均靠京城之南北城墙，相距约3.5千米。这些宫殿要比西汉长安的宫殿小得多，但很考究。后来洛阳城随着东汉的灭亡而衰败了。

2.2.4 住宅、园林及其他

我国古代的住宅，大体有以下这些特点：

一是形式丰富多样。各地的住宅形式各不相同，有来自自然地理的原因，也有来自社会经济和伦理的原因。从自然地理原因来说，除了天时、地利等的差异，当地的材料也很重要。社会经济和伦理等原因，也形成住宅建筑形式的特征或差异，其既在物质生活上，更在观念形态上。这种观念形态，主要在于等级制度，或曰"礼"。

二是地域结构性强烈。所谓地域结构，中国古代文化多以地域来分，地域的文化性特征要比民族的文化性特征强烈。例如，同样是汉族地区，北京的四合院住宅形式与江南水乡的民居、皖南民居、四川民居、河南民居、东北及西北等地区的民居相比，它们的形式有明显的差异。

三是在这许多中国民居形式中，民居的结构是向心的，以四合院的形式为主。北京四合院是最典型、最标准的；到了江南水乡、华中、东北、华南、四川、西北等地，其形式渐渐地变了；到了西南地区，特别是少数民族地区，如新疆、内蒙古、西藏等地，其住宅形式差别更大。

四是历史发展的特征，即所谓"改朝换代、结构不变"。中国古代传统文化的主要特征历数千年而不变，这种历史发展特征在古代居住建筑形式上也充分地反映出来。考古发掘出来的先秦住宅遗址，就能充分说明这一点。

图2-5是湖南长沙出土的汉代明器中的住宅。这是一座平面为曲尺形的住宅，和院子在一起，是一个近乎正方形的平面。刘敦桢在《中国住宅概说》中说："在墙上刻出柱、枋、地木栿、叉手等，可以窥知当时木构架的形状大体和宋代相同。窗的形状除了方形和横长方形以外，还有成排的条状窗洞，很像六朝和唐宋的直棂窗，屋顶多用悬山式。围墙上也有成排的条状窗洞或其他形状的窗，似乎明清二代最发达的漏窗，在汉代早已种下根苗。"图2-6是汉代的画像砖上所刻的住宅形式。这是四川成都出土的，从图中可知，这是个大型住宅，其布局分左右两部分：图左边有门、堂，是住宅的主要部分；右侧是附属性的。左侧的外部

图2-5 汉代明器中的住宅

干闌式住宅 廣東廣州漢墓明器

日字形平面住宅 廣東廣州漢墓明器

三合式住宅 廣東廣州漢墓明器

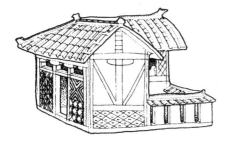

曲尺形住宅 廣東廣州漢墓明器

樓及廊廡 江蘇睢寧雙溝畫象石

图2-6 汉代画像砖上的住宅

有大门，门上装有栅栏，画得很详细，很有史学价值。

我国园林起源很早，西周初期所建的"灵台"，其实就是最早的园林形态。西汉初年，建造于长安的未央宫，宫中叠山凿池，也属园林形态。汉武帝时代，皇家苑囿的兴建达到高潮。

东汉时，东都洛阳的园林建设也甚盛。当时在城中大量地建造宫苑池沼。如上林苑、芳林苑、西苑、长利苑、菟苑、灵囿、御龙池等等。

两汉的陵墓，这里主要说西汉的茂陵和东汉的惠陵。茂陵是汉武帝刘彻的陵墓。此陵位于陕西兴平东北的窦马。这座陵墓在汉武帝即位的第二年就进行筹划了，一共造了53年才完成。茂陵规模甚大，周围有夯土方形城垣，每边长达400余米。里面的坟墓呈圆台形。

惠陵位于四川成都，是蜀汉昭烈帝刘备的陵墓。此陵墓的特别之处是它与诸葛亮的墓合于一处，君臣合庙，可谓千古绝唱。

汉代也建长城，在秦始皇所筑的长城之基础上又进行修造，并把长城沿河西走廊过玉门关一直造到新疆。但汉长城如今也只留下一些断垣残壁了。

阙，汉代很流行。这种形式，以其高而直，故具有纪念性。但"阙"的本意是望楼。图2-7是四川雅安的高颐阙，建于东汉，石筑，一边有子阙。这种阙在墓前左右对称地放置，从而形成墓道的中轴线。从形式上看，它是仿建筑的，上设屋顶，下刻斗拱等。此阙比例匀称，造型优美，见图2-8。

图2-7 四川雅安高颐阙实景图

图2-8 四川雅安高颐阙立面图

2.3 魏晋时期的建筑

2.3.1 城市

魏晋时期的城市，这里着重说两座：一是曹魏时期的邺城，二是北魏时期的洛阳。

邺城位于今河北的临漳县附近，如今这里大部分已在漳河底下了。因此曹魏时期的邺城，只能在文献资料中见到了。此城规模不小，据记载，城南北长2205米，东西宽3087米。城的西北隅有三台：南为金虎台，北为冰井台，中间为铜雀台。邺城的最大特点在于形制的创新。邺城是一座总平面为扁矩形的城市，中轴线北端是宫城，其东为一组官署，官署后部为后宫，是曹操的宫室。在后宫和官署的东面，为皇家贵族的住所，称"戚里"。城的南部为居住、商业区，约占全城面积的五分之三。由此可知，这种都城与前面说的《周礼·考工记》中所规定的形制已很不相同了。（图2-9）

魏晋时期的洛阳，是西晋和北魏的都城。后因西晋皇族为争夺皇位，造成内乱（所谓"八王之乱"），北方的匈奴、鲜卑、羌、羯、氐等族则乘虚而入，西晋告亡。晋朝皇族以及大批百姓迁至长江流域，建立东晋王朝。

后来鲜卑族拓跋氏在此建立北魏，结束了北方的混乱局面。太和十八年（494年），魏孝文帝从平城（今山西大同）迁都洛阳。北魏洛阳城改变了汉、

图2-9 曹魏邺城图

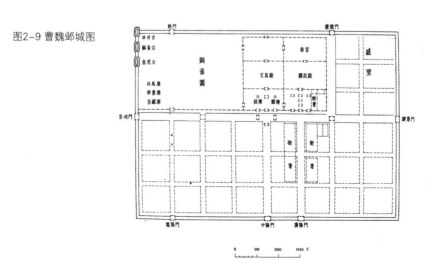

魏、晋三个朝代那种将都城分为南北宫的分散形式，基本上按照旧都城的规制，把地势较高的东汉以来的旧城置于中部偏北，然后在较为低平的外围，主要是东、西、南三面，兴建城郭。从文献资料和考古发掘来看，北魏洛阳城既不像汉、魏洛阳城和东晋建康城，也不完全像平城，而是将两者的长处、优点融为一体。北魏创建的洛阳城郭，北依邙山，南通伊洛，"东西二十里，南北十五里"。城有十二座门，均以魏晋旧名。"一门有三道，所谓九轨。"（杨衒之《洛阳伽蓝记》）。

2.3.2 宫殿

曹魏邺城的宫殿位于城之北，建筑群布置得很严整。正中宫城部分，如宫门为一封闭形的广场，经过端门至大殿前的庭院，大殿在正中，举行大典时用，殿前左右有钟楼及鼓楼。东部的宫殿官署布局也很严整，进入司马门，干道两边为各种官府衙门，后半部为后宫，曹操居于其中，这就是"前朝后寝"之制。

邺城的主要宫殿在西晋末年毁坏，后来十六国的后赵建都于此，有所修复。

西晋、北魏时期的洛阳宫城建在城的正中略偏西北。宫城南北长1398米，东西宽660米，占洛阳城的十分之一左右。北面为北宫及帝王专用园林，正对宫门阊阖门的铜驼街为城市的主轴线，其西侧为官署、寺庙、坛社等。

2.3.3 寺庙、佛塔、石窟及其他

佛教本是印度的宗教，到了东汉传入我国。东汉永平年间，即汉明帝在位时期，印度高僧摄摩腾、竺法兰来到都城洛阳，于永平十年（公元67年）译出第一部佛经《四十二章经》，这标志着中国佛教的正式建立。当时又建造佛寺"白马寺"，这是我国建造最早的佛教寺院。此寺至今尚在，但其建筑已是后来重建的了。后来到了魏晋南北朝时期，佛教建筑大量涌现。

佛教建筑形式有三大类：寺院、塔幢和石窟。佛塔这种形式是随着佛教由印度传入我国的，但它的形式已与印度的佛塔很不相同了。"塔"这个字也是后来创造的（汉字），最早是叫窣堵波（Stupa），又叫浮屠、灵庙等，后来才统一称为"塔"。印度的佛塔形式好似坟墓，半球形，外周环以石栏。中国的佛塔种类很多，有楼阁式、密檐式、瓶式等等。北魏洛阳建有永宁寺塔，共九层，木构，"架木为之，举高九十丈，有刹复高十丈，合去地一千尺。去京师百里，已遥见之……刹上有金宝瓶"。此塔后来毁于火灾。河南登封的嵩岳寺塔（图2-10~图2-12），建于北魏正光四年（523年），这是我国现存最早的砖塔。此塔平面为

图2-10 登封嵩岳寺塔实景图

图2-11 登封嵩岳寺塔立面图

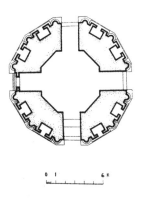

图2-12 登封嵩岳寺塔平面图

十二边形，外径10.6米。塔壁有砖雕。塔的外形呈抛物线状，向上内收，曲线形状优美，增添了塔形的秀丽感。

　　石窟是在山崖上开凿出来的洞窟，这种形式来自印度佛教建筑。它本身是佛教徒修行、生活和进行佛事活动的场所。印度佛教石窟叫支提（Choitya）。在半圆形空间的圆心处有一个佛塔，用于佛事活动，外面长方形平面部分，多用来做功课、讲经、说法等。我国较早的著名石窟有山西大同的云冈石窟、甘肃敦煌的莫高窟和河南洛阳的龙门石窟，即我国的"三大石窟"。另外如甘肃天水的麦积山石窟（图2-13）、山西太原的天龙山石窟及甘肃永靖的炳灵寺石窟等也很有名。

图2-13 甘肃天水麦积山石窟

　　云冈石窟始凿于北魏文成帝和平元年（460年），至孝文帝太和十八年（494年）基本建成。全部洞窟可分三大类：早期的16～20窟，平面椭圆，以造像为主，高大雄伟，其中第20窟为云冈石窟雕刻艺术之代表。中部诸窟平面多长方形，有前室，除中央雕刻佛像外，四壁及顶部都有浮雕。第三种是方形窟室，室内有方塔柱，四壁有佛像、龛座。（图2-14）

　　龙门石窟位于河南洛阳城南，最早开凿于北魏孝文帝定都洛阳时期。此石窟开凿时间相当长，历经东魏、北齐、隋、唐、五代、北宋等朝代。据统计，两山现存大小窟龛达2000余个，造像达10余万尊。其中最大的造像高达17余米，最小的只有2厘米。另外还有佛塔40余座，造像题记3680余品。龙门石窟著名洞窟有宾阳洞、潜溪寺、万佛洞、奉先寺及古阳洞等。

　　甘肃敦煌的莫高窟，俗称千佛洞，位于甘肃之敦煌三危山与鸣沙山之间，南北长约1610米。相传前秦建元二年（366年），僧人乐僔在此山上见金光闪闪，似有千佛在山上，于是他就在山崖上开凿洞窟，此即莫高窟的第一个石窟。后经北魏、西魏、北周、隋、唐、五代、宋、西夏、元等各朝代不断开凿，一座规模雄伟、内容丰富、具有高超艺术价值的佛教石窟才形成了。如今莫高窟中还保存洞窟492个，壁画总面积达45000平方米，彩塑2000余尊。莫高窟中佛像大小不一，大的高数十米，小的仅几厘米。（图2-15）

图2-14 山西大同云冈石窟（局部）

图2-15 甘肃敦煌莫高窟外景（局部）

2.4 南北朝时期的建筑

2.4.1 概说

从东晋开始，我国形成南北分治的局面。南朝从东晋始，经宋、齐、梁、陈，再加上东晋以前的东吴，则有六个朝代，这些朝代均建都建康（东吴时称建业），即今之南京，历史上称"六朝"，有"六朝繁华"之说。北朝从西晋告亡开始，先是北魏，后来分裂为东魏和西魏。东魏后为北齐所取代，西魏被北周取代。最后隋统一中国。南北朝前后达350余年（229年～581年）。

如上所说，"六朝繁华"，当时在今之南京一地，都城和宫殿建设均有较大的成就。后来宋、齐、梁、陈四个朝代均建都于此。从东晋到宋元嘉十五年（438年），人们在东晋的永安宫基址上建东宫，后来将其扩至玄武湖，叠山理水，建为苑囿。502年，萧衍称帝，改国号为梁，其在位时宫殿建筑加建不多，所加建的多为佛寺和园林之类。

937年，南唐在此建都，名金陵，在城中央建造皇宫。宫门南有御河，上有"天津桥"，桥南为一条正南北向的"御街"，形制比较正规。

2.4.2 寺庙、塔幢

佛教自东汉传入中国后，便迅速发展，唐代诗人杜牧诗《江南春》中有"南朝四百八十寺，多少楼台烟雨中"的表述。其实当时的寺庙何止此数。仅建康，即现南京一地，就有寺庙500余座。北朝的寺庙也不少，北魏的洛阳，包括郊区，就有寺庙1300余座。

南京的灵谷寺，位于今南京中山门外中山陵东。

栖霞寺，现位于南京市栖霞区以东约20千米的栖霞山，始建于南齐高帝建元年间（479年~482年）。今之建筑，如山门、天王殿、毗卢殿、藏经楼、摄翠楼等均为清末之物。

南朝的佛教建筑除了南京外，其他地方也有不少。但如今所存的（如扬州的大明寺、杭州的灵隐寺、镇江的金山寺、上海的静安寺等），也不是南朝时的原物了。

扬州的大明寺创建于南朝宋大明年间，故叫大明寺。此寺历史上曾多次重建，今之建筑为清同治年间重建之物。大明寺位于扬州市西北的蜀岗，主体建筑为天王殿、大雄宝殿等。寺西有花园、大水池，有"天下第五泉"。

杭州的灵隐寺，位于杭州以西。寺始建于东晋咸和年间，历代均有修建。今之寺已是清代乃至现代之物了。天王殿两侧如今还有北宋开宝年间建造的石经幢各一座。天王殿北为大雄宝殿，形式为单层三重檐，高达33.6米，琉璃瓦顶，大殿前有两座九级八面的石塔，建于北宋建隆元年（960年）。近年来，人们又在大雄宝殿后面建药师殿等。

镇江的金山寺，位于镇江市西北的金山上。此寺创建于东晋年间，原名泽心寺，后来屡有重建。金山寺的规划为"寺包山"。山顶之北有慈寿塔，为砖木楼阁式塔，八角七级，中有楼梯可以登塔极目。

上海静安寺，位于市内静安区南京西路。此寺创建于三国东吴赤乌十年（247年），初名沪渎重元寺，唐代改称永泰禅寺。宋真宗大中祥符元年（1008年），此寺改名静安寺。寺原址在吴淞江边，南宋嘉定九年（1216年）迁至芦浦旁的沸井浜（即今寺址）。现存之寺是在清光绪年间重修之基础上于近年来重修的。寺内主要建筑有山门、天王殿、大雄宝殿、三圣殿、方丈楼、念佛堂等。

2.4.3 陵墓

这一时期的皇家陵墓，多位于南京东南的江宁、句容、丹阳一带。主要的陵墓有：宋武帝刘裕的初宁陵、齐宣帝萧承之的永安陵、齐高帝萧道成的泰安陵、

阳关三叠

微信扫码听曲

据《琴学入门》1864年
查阜西传授

1=♭B

紧五弦定弦：2 3 5 6 1 2 3

（一）♩=50

| 5. 6 | 1 2 | 2 - | 6. 1 | 3 2 | 1 2 ♪2 | 2 - | 5 6 5 | 3 5 | 5 3 2 |

清和节当春，渭城朝雨浥轻尘，客舍青青

| 1 2 3 | 5 - | 1. 6 ♪6 6 | 5 6 6 - | 6. 1 | 3 2 |

柳色　新。劝君更尽一杯酒，西出阳关

| 1 2 ♪2 | 2 - | 2. 1 6 1 1 - | 6 ♪6. 6 ♪6. | 6. 5 6 5 6 |

无故人。霜夜与霜晨，遄行，遄行，长途越度

| 3 3 - | 2. 1 6 1 1 - | 3. 1 2 - | 3. 1 2 - |

关津，惆怅役此身。历苦辛，历苦辛，

| 3 3 | 3 3 2 | 1 2 | 2. 1 | 6. 5 6 | 6 5 6 | 6 — |

历历苦辛，宜自珍，宜自珍。

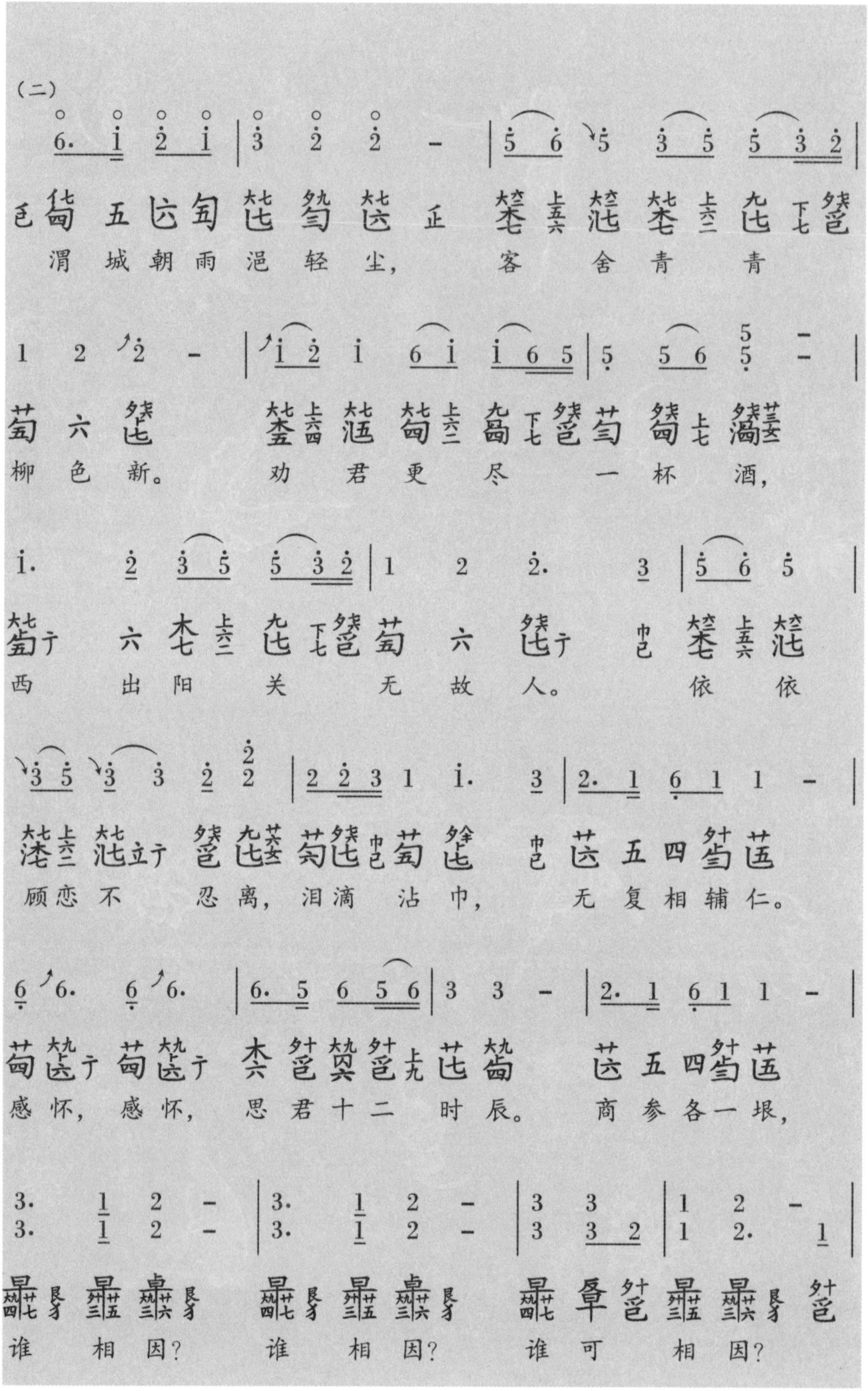
（二）
渭 城 朝 雨 浥 轻 尘， 客 舍 青 青
柳 色 新。 劝 君 更 尽 一 杯 酒，
西 出 阳 关 无 故 人。 依 依
顾 恋 不 忍 离， 泪 滴 沾 巾， 无 复 相 辅 仁。
感 怀， 感 怀， 思 君 十 二 时 辰。 商 参 各 一 垠，
谁 相 因？ 谁 相 因？ 谁 可 相 因？

（三）

日驰神，日驰神。　渭城朝雨浥轻尘，

客舍青青柳色新。　劝君更尽

一杯酒，　西出阳关无故人。

芳草遍如茵，　旨酒，　旨酒，　未饮心已

先醇。　载驰骊，载驰骊，何日言旋轩辚？

能酌几多巡？　千巡有尽，寸衷难泯。

阳关三叠

无穷的 伤感， 楚天湘水 隔远滨，

期早托鸿鳞。 尺 素 申， 尺 素 申， 尺 素

频 申， 如 相 亲， 如 相 亲。

噫！ 从今一别， 两 地 相 思 入 梦 频，

闻 雁 来 宾。

主编简介

刘晓睿

中国传统文化促进会古琴文化艺术委员会副主任（2017—2018），古琴文献研究学者，古琴文献研究室创办人，《琴者》古琴季刊杂志创办人，主持整理出版数本重要古琴工具图书。

2012年春开始学习古琴，2018年受教于唐健垣博士、李祥霆教授。2013年春着手整理古琴文献工作，至今已数年。在此期间，累计整理历代古琴谱书近220部，琴曲4300余首，指法释义20000余条等。

2018年初开始策划并主持编纂古琴文献系列图书，包括《中国古琴谱集》《明精钞彩绘本：太古遗音》《历代古琴文献汇编·琴曲释义卷》《历代古琴文献汇编·斫琴制度卷》《历代古琴文献汇编·抚琴要则卷》《历代古琴文献汇编·琴人琴事卷》《历代古琴曲谱汇考·流水》《历代古琴曲谱汇考·梅花三弄》《历代古琴曲谱汇考·潇湘水云》《历代古琴曲谱汇考·广陵散》《历代古琴曲谱汇考·阳关三叠》《历代古琴曲谱汇考·渔樵问答》《历代古琴曲谱汇考·平沙落雁》等。

图书在版编目（CIP）数据

阳关三叠 / 刘晓睿主编 . —南宁：广西美术出版社，2020.12

（图说中国古琴丛书）

ISBN 978-7-5494-2299-9

Ⅰ . ①阳… Ⅱ . ①刘… Ⅲ . ①古琴－研究－中国 Ⅳ . ① J632.31

中国版本图书馆 CIP 数据核字（2020）第 247797 号

图说中国古琴丛书

丛书主编 / 刘晓睿
丛书策划 / 梁秋芬　钟志宏
　　　　　　 白　桦　李钟全

阳关三叠
YANGGUAN SANDIE

主　　编 / 刘晓睿
图书策划 / 钟志宏
责任编辑 / 钟志宏
助理编辑 / 覃　祎
丛书设计 / 石绍康
装帧设计 / 海　靖
责任校对 / 肖丽新
责任监制 / 韦　芳
出版发行 / 广西美术出版社
【南宁市青秀区望园路 9 号】
邮　　编 / 530023
网　　址 / www.gxfinearts.com
印　　刷 / 广西壮族自治区地质印刷厂
开　　本 / 787 mm×1092 mm　1/16
印　　张 / 7.75
字　　数 / 155 千
印　　数 / 5000 册
版次印次 / 2020 年 12 月第 1 版第 1 次印刷
书　　号 / ISBN 978-7-5494-2299-9
定　　价 / 68.00 元

《图说中国古琴丛书》

齐景帝萧道生的修安陵、齐武帝萧赜的景安陵、齐明帝萧鸾的兴安陵、梁文帝萧顺之的建陵、梁武帝萧衍的修陵、梁简文帝萧纲的庄陵、陈武帝陈霸先的万安陵、陈文帝陈蒨的永宁陵以及梁代宗室王侯萧红、萧秀、萧恢、萧憺、萧景、萧绩、萧正玄、萧暎的墓等等。（图2-16）

南朝帝王陵前置有许多石刻，其中以梁文帝萧顺之建陵保存最多，共有石兽一对、神道石柱一对、石碑一对、石兽与神道石柱之间残存的方形石础一对。大多数帝王陵前的石刻仅存石兽一对，少数只有石兽一件了。王公贵族的墓以萧秀墓前的石刻保存得最全，共有八件三种，即石狮一对、神道石柱一对、石碑两对。

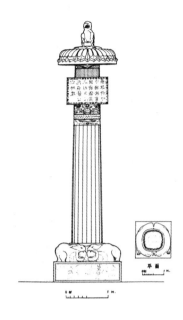

图2-16 梁萧景墓墓表平、立面图

复习思考题
1.简要阐述秦代在建筑上的三大成就。
2.对西汉都城长安及其宫殿做简要阐述。
3.简要阐述东汉洛阳的宫殿建筑。
4.简要分析四川成都出土的汉画像砖上的住宅形制。
5.简要分析四川雅安的东汉高颐阙。
6.对河南登封嵩岳寺塔进行简要述评。
7.简要阐述山西大同的云冈石窟。
8.简评敦煌莫高窟的文化价值。
9."六朝"指哪六个朝代？它们的都城名叫什么？
10.简要阐述南朝江南寺院。

第三章

隋、唐、五代建筑

3.1 隋、唐、五代的城市

3.1.1 隋代都城大兴

581年隋统一中国，结束了360余年的分裂局面。隋文帝杨坚是一位有远见卓识的皇帝，他觉得大国都城，唯有长安最合宜，因为长安是很具优势之地，他觉得其他地方都不适宜建都：一是洛阳、邺城等地，在战乱中受到了严重的破坏；二是建康（今南京）似偏南，对统治整个中国不利；三是陕西关中一带，东西南北，是当时的政治统治之要地。所以隋文帝决定于汉长安城之东南新辟一地，建造都城。开皇二年（582年），隋文帝就在西汉长安东南动工兴建都城，并定名为"大兴"，以示新的历史的开始。

大兴城的布局，外面是方正的城郭，内部是整齐的街道，整个城市井井有条，建设得十分理想。可惜隋炀帝腐败，都城建成后不久，皇朝就被李渊等起义军推翻。后来李渊建立唐朝，其都城也选在此，可谓坐享其成。

3.1.2 唐长安城

618年，李渊起兵灭隋，建立大唐。唐代都城定于隋都大兴，但改名"长安"，即历史上著名的唐长安。唐长安的基本格局与隋大兴一样，其城市总体特征是中轴线对称布局，如图3-1所示，以正对宫城大门承天门、皇城大门朱雀门，直至南城中门明德门的朱雀大街为中轴线，城门位置道路的格局及东市、西市的位置等，都是严格对称的。城内的道路呈方格网形式，南北大街11条，东西大街14条。道路等级分明，层次清楚，以通达城门的大街为主干道，其他则为次级道路，最后则是通达诸街坊内的小路。道路最宽的达180米。唐长安城内的居住区为街坊形式，是封闭式的坊里制。这样的布置便于管理，对社会治安有益。

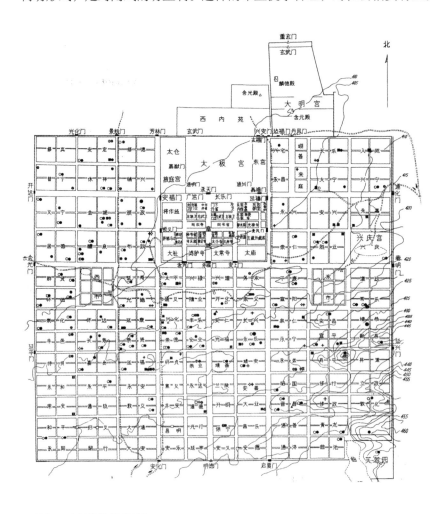

图3-1 唐长安城总平面图

3.1.3 五代的都城

唐朝末年，梁王朱全忠夺取政权，改国号为"后梁"。他以汴州开封府为东都，以洛阳为西都，并派人对洛阳城加以修葺，筑南北二城。开平三年（909年），其迁都洛阳。后梁末帝朱瑱龙德三年（923年），李存勖在魏州（今河北省大名县东北）称帝，为后唐庄宗。其灭后梁，迁都洛阳，以洛阳为洛京，后又改称"东都"。

金陵位于南朝时的都城建康之南。据记载，金陵城周二十五里四十四步，城上阔两丈五尺，下阔三丈五尺。南门一带，均用巨石砌成，东北面以山带江为险固，凿护城河。城门有八个，除东、西、南、北四门外，又有上水门、下水门、栅寨门、龙光门。整个都城的位置，"夹淮带江以尽其利"，"南止于长桥，北止于北门桥，盖其形局前倚雨花台，后枕鸡笼山，东望钟山而西带石头"（《中国历代都城宫苑》，阎崇年主编，紫禁城出版社，1987年）。

3.2 隋、唐、五代的宫殿

3.2.1 隋唐的宫殿

隋代建都大兴，其宫也叫大兴宫。此宫位于都城之北的中轴线上。唐代都城在隋大兴原址，但改名为长安，有"长治久安"之意。唐长安之皇宫也在隋大兴宫原址，但改名为太极宫。宫之东有东宫，西有掖庭宫，掖庭宫为嫔妃所居。整个太极宫规模甚大，东西宽1285米，南北长1492米，是今北京故宫面积的三倍。宫之四周设十座门，南五（中间承天门，东为长乐门、永青门，西为广运门、永安门），东一（通训门），西二（通明门、嘉猷门），北二（玄武门、安礼门）。宫中建筑，按前朝后寝规范而设，显示出大国气度。宫中三大殿为太极殿、两仪殿、甘露殿，在南北中轴线上。两侧殿宇众多，有大吉殿、百福殿、武德殿、承庆殿、万春殿、立政殿、千秋殿、神龙殿、功臣殿、归真观、望云亭等等，殿宇亭阁不胜枚举。宫中还有山石池水苑囿，规模宏大，气度不凡。

后来李世民（太宗）掌政，并为李渊（高祖）造了一座豪华的宫苑，位于长安城的东北。贞观八年（634年），宫苑建成，初名"永安宫"，次年改为大明宫。后来唐高宗李治因患风湿，觉得太极宫太潮湿，所以于龙朔二年（662年）对大明宫进行改建、扩建，然后皇宫就迁入大明宫了。

大明宫位于唐长安城的东北，如今基址尚存。此宫地势较高，称"龙首高地"。这里干燥、凉爽，本是李世民为李渊所造的避暑宫苑。全宫基本上有一条

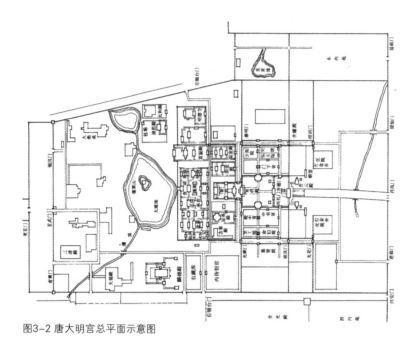

图3-2 唐大明宫总平面示意图

南北之中轴线，见图3-2。最南端为丹凤门，向北有含元殿、宣政殿、紫宸殿，然后是御花园、太液池、蓬莱山等，北端为玄武门。大明宫主殿是含元殿，高大雄伟。此殿为大明宫的正殿，唐高宗李治迁宫后，这个殿就成了他的"金銮宝殿"。含元殿位于大明宫中轴线上，大明宫正门丹凤门向北610米处。整座建筑建于高高的龙首原上，并有3米多高的夯土台基。登上含元殿，向南俯瞰，人们看到的是丹凤门内广场。

图3-3 唐大明宫含元殿

含元殿遗址至今尚在，还高出周围地面10余米。经勘测、查实，含元殿东西宽11间，南北进深4间。这座建筑的特点不只是大，更在于建筑两侧处理特别。在殿前方两侧相距约150米处，人们对称地建有翔鸾（东）、栖凤（西）两阁。高耸入云的两阁与大殿间用曲折的长廊相连，形成围护烘托主殿之作用，使殿宇更为辉煌。

含元殿前有三条长达75米的"龙尾道"，自地面直升大殿，如图3-3。中间的一条龙尾道宽达25米，两侧的略狭一点。整个龙尾道坡度被拉得很长，自殿下仰视整个宫殿，宛如在天上云端，显现出大唐鼎盛的雄姿。

麟德殿不在大明宫的中轴线上，而是位于太液池西侧的高地上。这里是唐朝皇帝赐宴群臣、大臣奏事、藩臣朝见的地方。整个殿宇由前、中、后三座殿堂组合而成，平面进深为前殿四间，中殿四间，后殿三间，面阔均为九间。此建筑因为是三殿并接，所以深度大于宽度，殿深83.5米，宽58.5米，其总面积约5000平方米，是北京故宫中太和殿的三倍。在殿的周围，绕有一圈回廊，廊宽3米余。在殿的两侧，东为郁仪楼，西为结邻楼。图3-4为麟德殿的局部复原图。楼之前还有东、西两亭。

兴庆宫坐落在唐长安城东春明门内。这是一座供皇家使用的宅邸，原是唐玄宗为太子时的住地，后来他登基当了皇帝，次年便立名为兴庆宫，如图3-5。宫的正门朝西，即兴庆门。宫内多设山石、池水、林木、花卉，可以说是一座园林。宫中以牡丹花最有名。

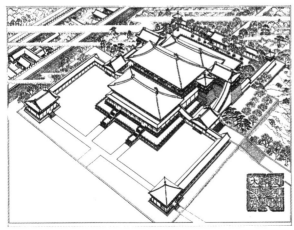

图3-4 唐大明宫麟德殿全景复原图（局部）

图3-5 唐大明宫兴庆宫平面示意图

3.3 隋、唐、五代的住宅、陵墓及其他

3.3.1 居住建筑

隋、唐、五代时期的居住建筑，如今早已无存，但在一些文献资料和文艺作品中，却也留下了不少痕迹。如隋代著名画家展子虔的作品《游春图》，画中把住宅设在风景秀美的山水环境中。唐代诗人兼画家王维有山水画《雪溪图》，描绘的也是这种住宅及其环境。后来我国山水画大都以这种环境为题材，而且绘出这种居住建筑形式。

王维有诗《辋川闲居赠裴秀才迪》："寒山转苍翠，秋水日潺湲。倚杖柴门外，临风听暮蝉。渡头余落日，墟里上孤烟。复值接舆醉，狂歌五柳前。"这首诗充分表现出当时的理想的居住环境。

3.3.2 陵墓

唐代的帝王陵墓造得很考究。此处说的是唐乾陵。此陵墓是唐朝第三代皇帝李治和其皇后武则天的合葬陵，位于今陕西省乾县城北6千米的梁山，是"唐十八陵"中最有代表性且保存最完好的一座陵墓。唐高宗李治虽然昏庸无能，但凭着祖上创下的盛基伟业，又有老臣长孙无忌、褚遂良等辅弼，国家仍保持盛世气象。武则天自从做了皇后，渐渐得势，掌握政权，并废中宗、睿宗，创立"武周王朝"。但在她临终时还想回到李氏家族，所以后来人们将她与唐高宗合葬于乾陵。

梁山有三峰，北峰最高，即乾陵地宫之所在；南峰有二，东西对峙，俗称奶头山，是乾陵的"天然门户"。据史书记载，乾陵周围原有内外两重城墙，内城南北城墙长1450米，东城墙长1582米，西城墙长1438米。城墙四面设门。南为朱雀门，北为玄武门，东为青龙门，西为白虎门。至于建筑，据《唐会要》中说："贞元十四年（798年）……献、昭、乾、定、泰五陵各建屋三百七十八间。"（转引自《中国建筑文化史》，沈福煦著，上海古籍出版社，2001年）但这些建筑今均无存。（图3-6）

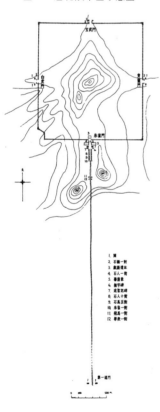

图3-6 唐乾陵平面示意图

乾陵地面上之物，遗留至今的多在陵的中轴线上：从朱雀门外面南端第一对土阙向北排列，首先是一对华表，然后是表示瑞兽祥禽的翼马、朱雀。再向前为五对石马，然后是十对翁仲（石人像）。后还有石碑两通，西边为述圣记碑（又称亡节碑），东边为"无字碑"（按照武则天遗言，己之功过，由后人来评，故称）。

五代时期的钦、顺二陵紧连在一起，相距仅50米，坐落在南京之南的江宁区牛首山祖堂山。这里三面抱山，形似"太师椅"。正面对远处的云台山峰，背后又有牛首山双峰相托，这称"背倚双阙，面蠡云台"。

钦、顺二陵在地面上已没有什么遗迹了，地宫则做得很有特色。钦陵地宫规模较大，全长21.8米，宽10.45米，自南至北分为前、中、后三个主室，前室与中室东西两侧各有一个侧室，后室东西两侧各有三个侧室，共13室（图3-7）。后室是主要部分，南壁正中有方门，门扇用巨大的青石板做成。东西两壁各有三门，以通侧室。正中置石棺床，其后部伸入北壁大型龛门。室壁有倚柱，以示此室面阔一间、进深三间之感。壁上涂以红色，柱、枋、斗拱等有彩画。室顶用石灰粉刷，再在上面画出天象和地面的山河大地之形，意为"上具天文，下具地理"的帝王陵墓形制。

顺陵为李璟与钟皇后合葬之陵。此陵要比钦陵小得多，但布局与钦陵相似。地宫全长与钦陵相同，自南至北也分三个主室。前中室东西两侧各有一侧室，后室东西两侧各有两侧室，共有大小墓室11间。整个陵的结构与钦陵相比逊色不少，主要是在材料和装饰上。如室中很少有雕刻，室顶也没有画"天文地理图"。

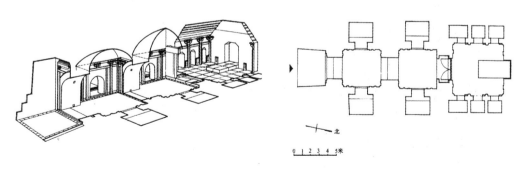

图3-7 南唐钦陵地宫示意图

3.3.3 桥梁

桥梁也属建筑。这里要说的是河北赵县的安济桥（俗称赵州桥）。此桥由李春、李通等人建造，建成于隋代大业初年，至今已有1400年了。赵州桥位于河北省赵县离城2.5千米的洨河上，是一座敞肩式单孔圆弧形石桥。此桥净跨37.2米，南北桥堍距离51米，桥宽近10米。大拱两端各肩两个小拱，不但结构合理，而且造型秀美，具有韵律感。桥侧设栏，左右共24块栏板，上刻龙兽等浮雕，形态逼真，雕工精美，亦为中国古代雕刻艺术之上品。这座桥整体造型稳重而又轻盈，雄健而秀美，见图3-8。

坐落在江苏省苏州市葑门外的宝带桥，建于唐元和十一至十四年（816年~819年），也是我国历史上一座著名的桥梁。此石桥是多孔桥，与运河平行，是苏州至杭、嘉、湖的必经之路。此桥全长317米，共53孔，宽4.1米。桥堍两端各有石狮一对，但如今北端只有一只。北端有石塔和碑亭各一座。此桥曾三次大修，第一次是南宋绍定年间，第二次是明代正统年间，第三次是清代同治年间。

图3-8 河北赵县安济桥实景

3.4 隋、唐、五代的宗教建筑

3.4.1 佛寺

位于山西五台山的南禅寺，其中的大殿建于唐建中三年（782年），如图3-9所示，其结构部分是当时之原物，至今已有1200余年了。这座建筑规模不大，面阔三间，进深亦三间。从形式（单檐歇山屋顶）来说，其不仅是典型的唐代建筑形式，而且比例得当，繁简得体，在我国古代建筑艺术上也是很可贵的。另一座唐代佛寺是山西五台山的佛光寺。全寺有殿堂楼阁210余间。佛光寺始建于魏孝文帝时期，现存之大殿是唐大中十一年（857年）所建之原物。大殿（图3-10）面阔七间，进深四间，单檐庑殿屋顶，殿内斗拱硕大，出檐深远，装饰简约，比例协调，表现出典型的大唐建筑风度。寺内还有一座建筑文殊殿，今存之建筑为金代天会十五年（1137年）所建之原物，用"减柱法"，既节省了木料，又使殿内空间宽敞。这种做法多为金、元时期之做法。

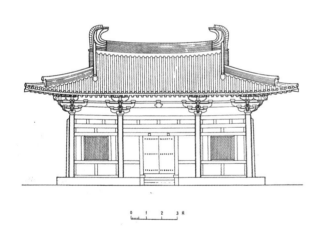

图3-9 a.唐南禅寺大殿立面图

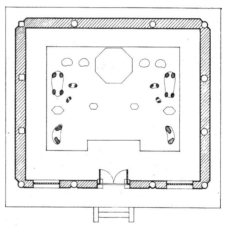

图3-9 b.唐南禅寺大殿平面图

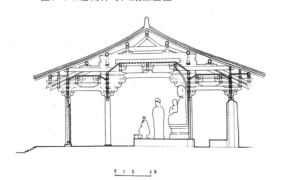

图3-10 a.唐佛光寺大殿剖面图

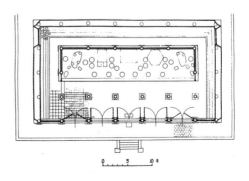

图3-10 b.唐佛光寺大殿平面图

3.4.2 佛塔

隋、唐、五代时期的佛塔，留存至今的较多。这里说几座有代表性的佛塔：济南市历城区的神通寺四门塔、西安市的大雁塔和小雁塔、大理市的千寻塔及南京市栖霞山的舍利塔。

历城区位于济南东北，神通寺四门塔为方形平面的单层塔（图3-11）。塔顶用大量的叠涩，较似印度古代的佛教建筑风格。内有东魏武定二年（544年）造像题记，因此以为东魏之物；后来在塔内发现建塔之记，才认定为隋大业七年（611年）所建。此塔平面方形，四面设圆拱门，所以被称为"四门塔"。

位于今陕西省西安市雁塔路的大雁塔，其正式塔名叫"慈恩寺塔"，如图3-12。此塔高7层，64米，平面方形，底层每边24米。大雁塔建于唐永徽三年（652年）。当时著名僧人玄奘为保护从印度带回的经籍，由唐高宗资助，在慈恩寺内建造此塔。初建时，此塔为砖身土心，平面方形，共5层。8世纪初，人们改用青砖楼阁式，共7层。唐大历年间又改为10层，但因战乱，只留下7层。到了明代，此塔又遭破坏，于是便在其外表加砌面砖予以保护。

今西安的另一座著名佛塔是小雁塔，其正式名为"荐福寺塔"。此塔建于唐中

图3-11 山东济南历城区神通寺四门塔

图3-12 陕西西安大雁塔

宗景龙年间（8世纪初），是藏经之塔。小雁塔的平面亦为正方形，建塔时为15层，明代大地震时倒掉顶上两层，现为13层。塔高（残高）43米，砖砌密檐式，中空，有木楼层。塔的外形呈抛物线形状。

位于云南大理的崇圣寺塔，共三座塔。主塔称千寻塔，另两座分别叫南塔和北塔。千寻塔建于南诏保和年间（824年~839年）。此塔为密檐式，平面正方形，塔高69米，16层。人们在塔内发现许多唐、宋时期的珍贵文物，这说明当时南诏国与唐交往甚密。

栖霞山舍利塔，此塔位于南京栖霞山麓。它创建于隋代仁寿二年（602年），现存之塔为南唐（937年~975年）时重建。此塔共5层，八角，高15米，是我国古代楼阁式密檐式塔中形态较好的一座，如图3-13。塔身上刻着许多浮雕，题材丰富多样，有海浪、鱼、蟹、龙、凤和石榴等，还有"释迦八相"（即四大天王、文殊菩萨、普贤菩萨和飞天供养人）。

图3-13 南京栖霞山舍利塔

3.4.3 石窟

隋、唐、五代的石窟多为在魏晋南北朝所凿诸石窟的基础上加凿的。如洛阳的龙门石窟，其中奉先寺就是唐代所开凿的。此寺是唐高宗咸亨三年（672年）开凿的，上元二年（675年）完成。奉先寺为龙门石窟造像艺术中的杰作。本尊卢舍那大佛高17.17米，头高4米，佛像面容丰满秀丽，眼神含蓄宁静，姿态端庄肃穆，衣纹简洁流畅，可谓形神兼备。佛的两边侍立二弟子，迦叶严谨持重，阿难温顺虔诚。其他雕像也均风采动人，又有个性。（图3-14）

图3-14 洛阳龙门石窟

3.4.4 道教建筑

道教起源于东汉后期，于魏晋南北朝时期得到较快的发展，唐宋时期在统治者的推崇和扶持下，得到了全面的发展。但当时的道教宫观建筑，如今已基本无存。此处说一些隋、唐、五代较有名的道教宫观。

北京的白云观，创建于唐代，最初叫天长观，是我国最早的道教宫观之一。据《再修天长观碑略》中说，唐玄宗为"离心敬道"，奉祀老子，建此观。唐开元十年（722年）建，至今已有1200余年了。今观中珍藏着一尊汉白玉刻老君像，就是当时观中所奉祀的老君圣像。今之白云观基本上仍保持唐代时的格局，但其建筑已多次重建，如今的建筑已为明清时所建之物。（图3-15）

抱朴道院，位于杭州西湖北端的葛岭之上。这是为纪念东晋的葛洪而建。葛洪（284年~364年），号抱朴子，是我国道教的重要人物。唐朝时，为了纪念葛洪，便在杭州西湖北首山上建抱朴道院，此山亦名为葛岭。最初，抱朴道院的建筑是唐代修建的葛仙祠，祠内有初阳台石亭、初阳山房等建筑。元代时，葛仙祠毁于战火，明代重建，改称"玛瑙山居"，后又改称"抱朴道院"。今之建筑为清代之物。（图3-16）

图3-15 北京白云观

图3-16 杭州抱朴道院

青羊宫，位于四川成都市西南。此宫创建于唐代。唐朝末年，黄巢起义，唐僖宗逃奔蜀地，曾以此为行宫。后来回长安，曾下诏改"青羊观"为"青羊宫"。宫内建筑中轴线对称布局。自宫门入，里面有玉皇殿、混元殿、八卦亭、三清殿、斗姆殿、唐王殿等。这些建筑虽然为中轴线对称布局，但建筑环境充满生机，不但有名贵树木，还有许多盆景，具有良好的生态环境。（图3-17）

图3-17 成都青羊宫

复习思考题

1.试分析唐都城长安的基本特征。

2.试分析唐代宫殿中的两座重要建筑：含元殿和麟德殿。

3.简要阐述唐代所建的山西五台山的南禅寺大殿和佛光寺大殿。

4.唐代佛塔留存至今的主要有哪几座？分析其中的一座。

第四章

两宋建筑

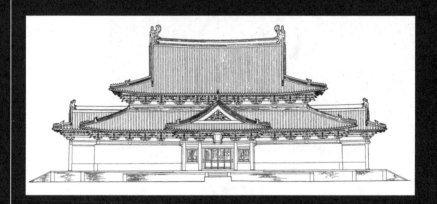

4.1 两宋的城市

4.1.1 北宋汴梁

北宋（960年～1127年）定都汴梁。汴梁又称东京（当时称洛阳为西京），即今之开封市。汴梁设三层套环式城墙，最中心的为皇城，是皇帝处理朝政和生活的地方，也是中央机构所在地。正门叫丹凤门，门上建宣德楼，高大华丽，彰显出大国气度。北宋的东京十分繁华，内城除各级衙署外，其余住宅、商店、酒楼、寺院、道观、庙宇等不计其数。据宋孟元老的《东京梦华录》记载，这里的许多金银珠宝店、绫罗绸缎店等，都是高楼广宇，而且买卖兴旺，"每一交易，动即千万"。这里的酒楼，光是大型的"正店"就达72家，小的更是不计其数。酒楼门口，扎缚彩楼欢门，作为其行业的标志。最有名的酒楼"樊楼"是一组三层楼的建筑群，五座楼房各有飞桥相通，造型美观别致。

东京外城高四丈，上有女墙，高七尺许。外层共有城门13座，三道城墙均有城壕。外城的城门除东、南、西、北四门为四条御路通道外，其余城门都有瓮门三层，屈曲开门，以备城防之需。外城水门，据考证达9座。水门均设铁裹闸门。图4-1就是东京汴梁总平面图。道路是以宫城为中心，放射式与方格式相结合的路网系统，大道正对各城门，形成"井"字方格路网，次一级的道路也是方格形的。主要干道称御路，共四条：一自宫城宣德门，经朱雀门至南薰门；二自州桥向西，经旧郑门到新郑门；三自州桥向东，经旧宋门到新宋门；四自宫城东土市子向北，经旧封丘门到新封丘门。东京城内河道十分有序。城内和四周有四条河道：汴河、蔡河、五丈河、金水河，都与护城河连通。其中汴河横穿城的东西，是城市的主要水上交通线，商业贸易等相当发达。金水河通大内，为宫中用水之源。

汴梁的街市，从"市"的意义来说，是我国古代最繁华、发达的。当时的街坊制，代替了唐代的里坊制。唐代长安及其他都市各坊均设门，有人把守，按时启闭。到了宋代，坊里之名虽然仍保留，但已无分隔，不再设门。宋代汴梁的商业区分布甚广，店摊沿街而设，甚至延伸至城外，还有边走边卖的，商业气氛十分浓厚。

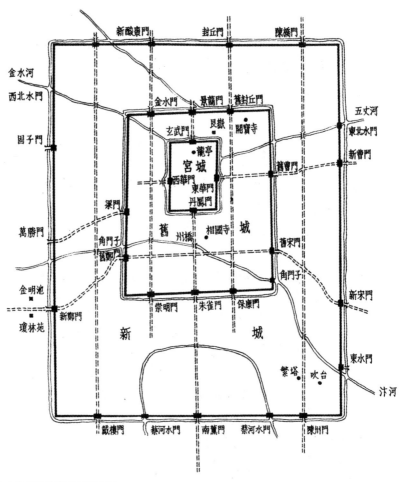

图4-1 北宋东京汴梁总平面图

4.1.2 南宋临安

南宋（1127年～1279年）定都临安（即今之杭州）。临安原叫杭州、钱塘，五代十国时是吴越国的都城。后来北宋统一中国，定都东京（汴梁）。1126年，"靖康之变"，宋室南渡，定都临安，这里变成当时世界上特大城市，人口超过100万。城市扩建，城郭加固。据宋吴自牧著《梦粱录》所记："诸城壁各高三丈余，横阔丈余。禁约严切，人不敢登，犯者准条治罪。"城四周共有13座城门：东便门、候潮门、保安门、新门、崇新门、东青门、艮山门、钱湖门、涌金门、清波门、钱塘门、嘉会门、余杭门。

临安作为都城，比较特别：一是它不规则、不对称，依山、湖、江而成形；二是皇宫位置在城的最南端，皇宫之北为都城，似乎比较别扭；三是皇宫、太庙及其他官署位置也十分杂乱，没有规则。这也许出于"临时安顿"，暂时将就，不甚讲究。图4-2是南宋都城临安总平面图。皇宫官署在城南的凤凰山麓。东麓是皇宫，其北是三省六部、枢密院等。屋宇高大轩昂，较有气派。云锦桥和三省六部的官府大院相对，故此桥被称为"六部桥"，今之桥仍是当时之原物。北面清河坊是御史台（司法机关）。

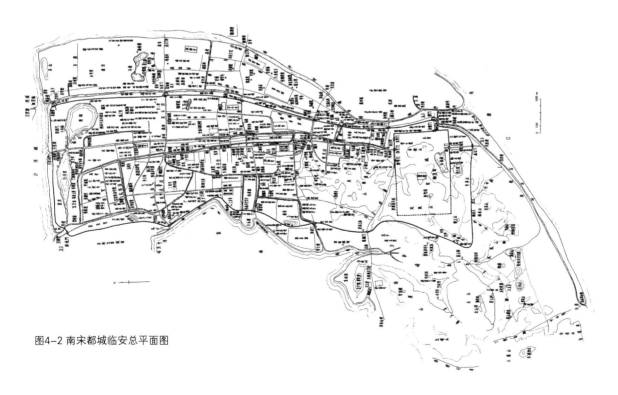

图4-2 南宋都城临安总平面图

皇宫和宁门外向北，直至武林门中正桥，为临安的南北向主要街道，称御道，又叫"杭城天街"。街面用石板铺成，两边砖石砌出沟渠，为排水系统。沟渠边上植桃李等，春天花开满树，美不胜收。路的中间只能皇帝通行，平民百姓只能走沟渠外面的路。

临安城内布局较有规则，也很有气派。街道河巷也比较有秩序。9厢80余坊在街道河巷的网络之间分设。"坊"是城的内部结构的一个基本单元，四周有高墙，与外界联系出入有二至四个门，坊内有十字交叉的两条大路，然后是小路，称"巷"（又叫"曲"），宅的入口就在巷内。

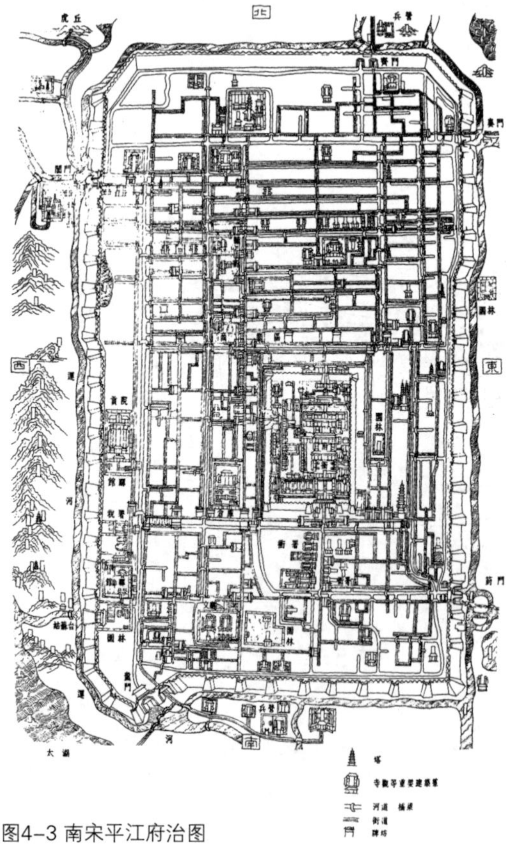

图4-3 南宋平江府治图

4.1.3 南宋平江

南宋的平江，即今之苏州。"南宋平江府治图"，即南宋时的苏州地图，见图4-3。此图很珍贵，是南宋时所刻之原物。从图中可知，这座城市是一座十分规则的矩形（南北略长）城市。此城共设5个城门，还设水门，城墙外面设护城河。这是一座很典型的南宋时期的府城，城市道路呈方格网，还有许多与街道平行的河道，河上设桥，是一座典型的江南水乡城市。城市的中央有子城，为平江府治所在。子城内有6个部分：府院、厅司、兵营、住宅、库房及大花园。平江是一座文化发达的城市，城中有游乐场所。最典型的是位于城西南的百花洲，这是一处以花卉林木、小桥流水、亭台楼阁构景的名胜之地。从这里可以看出当时由于经济发达，人们已有丰富的文化生活内容了。图中还标出韩园（沧浪亭）、南园等园圃。江南园林形态此时已见雏形。图中还划出139座寺观，还有好几座佛塔及孔庙等。这说明此时我国古代城市的政治、军事、经济、文化诸方面格局已基本定型。

4.2 两宋的宫殿

4.2.1 北宋的宫殿

北宋都城汴梁的宫殿（大内），本是唐代汴州节度使之治所，于宋初建隆四年（963年）修建、扩建。宫城位于内城的中间（略偏西北），南面有城门三座，其余三面各设城门一座。南面中间为丹凤门，下设5个门洞，城上之楼曰"宣德楼"。宫城东西两面为东华门、西华门，背面为玄武门（又叫"拱宸门"）。

丹凤门内为中央机构所在地，其中有都堂、尚书省、中书省、枢密院、明堂等。在这一区域中，高官可骑马行进其间。各衙署供应午餐，因此设厨房。仅尚书省的厨房就有房屋百间。过了东华门、西华门过道，至宝文阁后夹道，便是宋朝皇帝办理政事及举行仪式等的地方。其中东华门内横门本名"左承天门"，宋真宗时此屋顶上出现"天书"，故将此门改为"左承天祥符门"。

大庆殿是举行大典的地方，殿阔9间，庭中有钟、鼓楼。院子甚大，可容万人。节日、大典或接见外国使臣都在这里举行仪式。据记载，当时排列在院中的仪仗队多达5000余人，其规模可想而知。

大庆殿之西有文德殿（又名"正衙殿"），是宋朝皇帝日常上朝与大臣议事之所。大庆殿后有紫宸殿，规模不大，皇帝在此举行小型会议及接见一般的外国来使。殿西有集英殿，是设御宴和试举人之处。殿旁有垂拱殿，与后宫的几个寝殿正对，形成一条轴线。

4.2.2 南宋的宫殿

南宋都城临安，其皇宫设在城南凤凰山之东麓。这里原来是吴越国的子城，南宋建炎元年（1127年）改为宫城，城周围4.5千米，称南内。宫城南为丽正门，北为和宁门，其规模当然要比北宋汴梁的宫城小。正朝只有两座殿堂，轮番使用。

大庆殿两侧有朵殿，西面名垂拱殿，是日朝之处。此外还有复古殿、福宁殿、缉熙殿、嘉明殿、勤政殿等，此处不再详说。

南宋临安的宫殿，还要说望仙桥东的德寿宫。这一处宫殿，规模宏大，富丽堂皇，是南宋高宗、孝宗诸帝退居养老之地。后来这里被御赐为秦桧的宅第。秦桧入居后，便大兴土木，营造房屋达19年之久。里面楼台亭榭，数不胜数，而且都是高大宏丽之建筑，可以说在当时杭州城中首屈一指了。宋高宗曾数次前往，并为宅内的楼阁题"一德格天"的匾额。

绍兴二十五年（1155年），秦桧病死，此宅第还给皇帝。宋高宗将此宅改为宫殿，以备退位之后居住。绍兴三十二年（1162年）六月，此宅改建成功，被命名为"德寿宫"。孝宗即位，太上皇高宗居住在德寿宫。

德寿宫正门位于宫之南，门外有百官漏院。殿堂楼阁多集中于南部，后面为花园。园内有大水池，从清波门外引西湖水注入，其上叠石为山，又按四季划成四部分。园内遍植奇花异草，又建冷泉堂、聚远楼等。

德寿宫之形制和规模，可与凤凰山下宋皇宫媲美，当时人称此为"北大内"。后来宋孝宗退位也居于此，并改名为"重华宫"。绍熙五年（1194年）孝宗去世，遗诏改其名为"慈福宫"，由高宗后吴氏、孝宗后谢氏居住。宁宗庆元二年（1196年），其又被改名为"慈寿宫"。开禧二年（1206年）宫殿遭火灾，后来便荒芜了。咸淳四年（1268年），其被改建为"宗阳宫"。

4.3 两宋的祠庙和陵墓

4.3.1 两宋的祠庙

我国古代的祠庙建筑有一定的规范，这里着重说说其建筑的平面布局。我国早期的祠庙一般比较简单，用一间或多间的单体建筑，平面形式如图4-4所示。据《礼记·王制》中所说，周代"天子七庙，三昭三穆，与大祖之庙而七。诸侯五庙，二昭二穆，与大祖之庙而五。大夫三庙，一昭一穆，与大祖之庙而三。士一庙"。这里的七、五、三，即指建筑的间数。"明堂，想只是一个三间九架屋子。王者随月所居，则分而为九室；祀上帝，则通而为一堂。"（宋马端临《文献通考》卷六《郊社考》，转引自段玉明《中国寺庙文化》，上海人民出版社，1994年）（图4-5）。

后来祠庙形式类型增多，比较小的庙只有一进，前后殿，中间为院子，两边有厢房，如图4-6；规模略大一点，有两

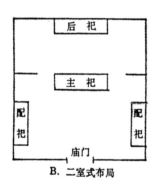

A. 一室式布局

B. 二室式布局

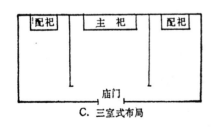

C. 三室式布局

图4-4 祠庙的平面形式

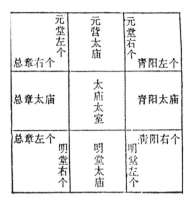

图4-5 祠庙类型

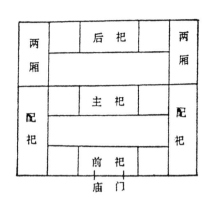

图4-7 祠庙类型

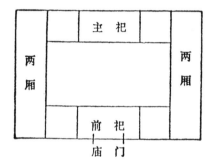

图4-6 祠庙类型

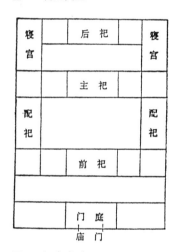

图4-8 祠庙类型

进,如图4-7;更大的则有多进,如图4-8。

南宋皇家宗祠在今浙江绍兴华舍镇。当时北方为金人所占,赵宋皇族纷纷南渡,其中宋太祖赵匡胤十二世孙赵昌二,携带皇室赵氏家谱,择定绍兴城西华舍的一块风水宝地定居下来。据说华舍赵氏传到宋太祖十六世孙赵存善任族长,华舍赵氏族人已逾三百。当时,赵存善率族人完成了祖上几代想在华舍建宗庙的夙愿,择地建造了赵大宗祠。

这座南宋皇家宗祠为五开间三进形式,中进为主厅,高28米。祠有三道围墙。庙内有历代名人楹联、画像达200余幅,其中最大的是赵匡胤画像,达10米见方。

祠前是一条河,有十八湾,河对面有高大的黄色照墙,墙上书"宋室屏垣"

四个大字，甚有皇家气派。如今这些建筑已荡然无存，只留下两块碑刻。

山西万荣县汾阴后土祠是我国古代的一座典型的祠庙建筑。此祠位于万荣县城西约40千米黄河东岸的庙前村土垣上，为著名的"汾阴睢地"，东周时属魏，又叫"魏睢"。秦惠王伐魏，渡河取临阴，皆指此地。西汉后元元年（公元前163年）立汾阴庙，汉武帝"东幸汾阴"，立后土于睢上，即后土祠的雏形。北魏郦道元《水经注》中说："汾阴城西北隅睢邱上，有后土祠。"此祠历代多有重修。清代同治九年（1870年）因祠被黄河所淹，知县戴儒珍将其移今址重建。现存有山门重楼、戏台三座、献亭三间、后土大殿五楹、钟鼓楼、配殿、廊庑等，雕刻富丽，琉璃色彩鲜艳，布局完整有序。后院廊下有北宋大中祥符四年（1011年）宋真宗赵恒祭后土时亲书之萧墙，为河水溢祠后移来。

位于山西太原西南的晋祠是我国古代祠庙建筑中规模最大、内容最丰富、历史最悠久的一例。晋祠原来是春秋时晋侯的始祖唐叔虞的祠庙，坐落在悬瓮山下，经过历代多次修建扩建，晋祠中殿宇、楼阁、亭台等已达百余座。这些不同时代建造的建筑，组成了一个紧凑而精美的建筑群。（图4-9）

晋祠建筑群之中，建于北宋的圣母殿和殿前的鱼沼飞梁最有名。圣母殿（图4-10）始建于北宋天圣年间（1023年～1032年），崇宁元年（1102年）重修，今之建筑即为此时之原物。殿高19米，屋顶为重檐歇山顶。殿面阔七间，进深六

图4-9 山西太原晋祠总平面

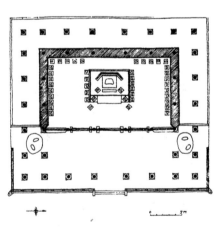

图4-10 山西太原晋祠圣母殿平面图

间，平面近正方形。殿四周有围廊。殿内梁架用减柱做法，所以内部空间很宽敞。圣母像庄重威严，两边泥塑侍女像亭亭玉立，形态生动。圣母，相传为晋后始祖唐叔虞之母。殿正面有八根木雕蟠龙柱，雕工精美，龙的姿态自然，栩栩如生。（图4-11~图4-12）

　　圣母殿前的鱼沼飞梁为晋水三泉之一，沼上有石桥，称"飞梁"。北魏郦道元《水经注》中说的"结飞梁于水上"，即指这种形式的桥。北宋时，鱼沼飞梁与圣母殿同建。1955年此桥曾大修过一次。"飞梁"的结构是水中立小八角石柱共34根，柱础为宝装莲花，石柱上设有斗拱、石梁枋衬托桥面，南北平坦，连接圣母殿与献殿。东西也是桥坡，桥是十字形的，池沼是正方形的，形成一个"田"字状。四周有勾栏围护，可凭依。

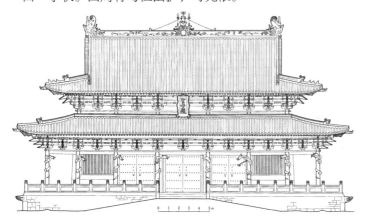

图4-11 山西太原晋祠圣母殿

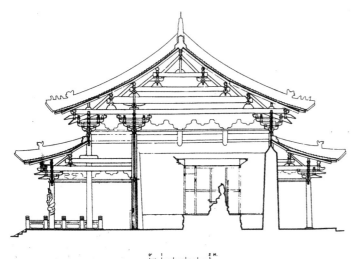

图4-12 山西太原晋祠圣母殿剖面图

4.3.2 两宋陵墓

北宋的皇陵位于河南巩义市附近的龙堆。北宋帝王共有九代,但最后两代徽、钦二帝被金人掳去死于北方(徽宗遗骸后来运回南宋,葬于绍兴宋六陵),其他七帝均葬在此。另外还有宋太祖赵匡胤之父赵弘殷也葬于此。

这八座陵墓形制基本相同,各陵占地面积均达8公顷以上。陵台都很大,四周有署墙,四角有角楼,四墙的中间设有"神门"。南面的神门是正门,门外为中轴线神道,一直向南延伸。两侧排列着许多石刻,由陵前拜台向南,顺次有传胪、镇殿将军、跪狮、朝臣、羊、虎、马与马童、麒麟、石屏凤凰、象与象奴、石柱。

永昌陵是宋太祖赵匡胤的陵墓,太平兴国二年(977年)葬于此。今陵墓底南北长约62米,东西长约60米,高约21米,地面上有镇门石狮七个、石人七个、石羊四个、石虎四个、石马四个、石麒麟两个、石凤凰两个、石象两个、石望柱两个。

永熙陵是宋太宗赵光义的陵墓,底南北长约60米,东西长约62米,高约29米。陵墓周围存有16个土丘,为当时的建筑遗址,陵前八个,陵后四个,左右各两个。永熙陵的石刻保存得最完整。陵墓四周各有镇门石狮一对,陵前有石刻50件,东西向排列:西边依次是十个石人、两个石羊、两个石虎、一个石人、一个石马、两个石人、一个石马、一个石人、一个石麒麟、一个石凤凰、一个石人、一个石象、一个石望柱,共25件;东边对称于西边,但少一个石人,只有24件;墓前是一个石拜台。

永定陵是宋真宗赵恒的陵墓,位于蔡庄附近,陵墓底边50米×57米,高约21米。周围有土丘16个,亦为建筑遗址。陵墓围墙共四门,各设石狮一对。陵前石刻48件,也皆为石人、石羊、石虎、石麒麟之属,墓前也设拜台。

永昭陵是宋仁宗的陵墓,底边为50米×57米,高约22米,陵墓四门,石狮及建筑物遗址土丘与永定陵相同,墓前石刻,如石人、石羊、石虎、石马、石象等,东西对称。

这块陵墓区中还有其他陵墓,如北宋时的皇后、皇太子、公主及其他皇亲国戚多葬在这里。

浙江绍兴的宋六陵是南宋的皇陵,据张能耿、盛鸿郎等著《越中揽胜》(国际文化出版公司,1995年)中说,绍兴元年(1131年),元祐太后驾崩于绍兴卧龙山行宫,选绍兴上亭乡宝山泰宁寺故址安葬,是为绍兴攒宫之始。后来南宋历代帝王死后葬于绍兴攒宫,即为宋六陵。宋六陵入口处有四柱三间大牌坊,入内为高宗永思陵、孝宗永阜陵、宁宗永茂陵,三陵并列。其南为光宗永崇陵,北为理宗永穆陵、度宗永绍陵。另外建寺院一座,即泰宁寺。

4.4 两宋的宗教建筑

4.4.1 宋代的佛寺

佛教寺院的基本形式在唐代以前已基本确立，宋代的佛教寺院就在此基础上走向完善。这里分析几座宋代典型的寺院建筑。

正定隆兴寺位于河北省石家庄市正定县城内，始建于隋代，当时叫"龙藏寺"，北宋初年改名为"龙兴寺"。宋太祖赵匡胤于开宝四年（971年），因城西大悲寺的铜佛被毁，敕名在龙兴寺内另铸观音像一尊，因此大兴土木，营建寺院。隆兴寺之名是清代康熙年间才改的。

隆兴寺坐北朝南，中轴线布局，平面狭长。主要建筑布置在南北中轴线上，轴线长380米，自南至北依次为琉璃照壁、三石桥、山门、大觉六师殿、摩尼殿、牌楼、戒坛、韦驮殿、佛香阁（即大悲阁），最后为弥陀殿。佛香阁东为御书楼，西为集庆阁。戒坛后东为慈氏阁，西为转轮藏殿。佛香阁前院两边有廊庑，东为伽蓝殿，西为祖师殿。

隆兴寺内的摩尼殿（图4-13）建于北宋皇祐四年（1052年），建筑平面比较特别，略呈方形，四面均出抱厦，为出入口，其他均为实墙。主出入口在南，前有月台。殿顶为重檐歇山式，四面抱厦为单檐歇山顶，所以外形变化较多，但又

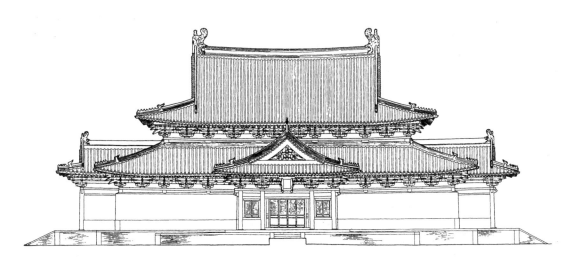

图4-13 隆兴寺摩尼殿

很统一。殿内有彩塑观音像。

隆兴寺内另两座著名的建筑是慈氏阁和转轮藏殿。这两座建筑形式基本相同，均为两层楼阁形式，楼上单檐歇山顶，上下层之间设腰檐，并有回廊栏杆。室内中空，佛像贯通二层，里面也有回廊。

大悲阁即佛香阁，是隆兴寺中最大的主体建筑。大悲阁面阔五间，进深三间，高33米，外观三层，重檐歇山顶，下面设两层腰檐，一层廊檐，因此形象丰富而雄伟。这种形式，俗称"重檐五滴水"。阁内供奉开宝四年（971年）所铸千手千眼观音像，高24米。

4.4.2 宋代的佛塔

宋代的佛塔，保存下来的原物要比佛寺还多，而且形式也多样。此处说一些比较典型的宋代佛塔。

福建泉州开元寺双塔，是宋代所建的石塔原物。这两座塔形式基本相同，都是仿木石塔，分列于大雄宝殿的东西两侧，西曰"仁寿塔"，东曰"镇国塔"。

仁寿塔最早建于五代，后来多次重建，今之塔建于南宋绍定元年至嘉熙元年（1228年~1237年），用花岗石筑成，平面八角，五级，高近45米，仿木构形式。塔身各层四门四龛，位置逐层互换。塔身转角立倚柱。塔檐成弧形向外伸展，檐角高翘，与木构无异。每层塔身外有回廊护栏，悉如木构，秀丽清润。塔刹为铸铁制成，高11米，由刹座、覆盆、火珠、仰莲、宝盖、七层相轮、圆光、镏金葫芦串连在一起。还有八条大铁链从刹顶系到顶层檐角，似有刺破青天之感。塔心柱和塔壁间横跨着八条长6米、宽与厚均为0.4米的石梁，一头嵌入塔心柱，另一头架在塔壁立柱上。由塔心柱塔壁与石梁组成一个严密的框架，有很好的整体性。塔的各层塔门、塔龛，层层错位排列，不但使结构坚固，而且也有变化，形态美观。（图4-14）

镇国塔也多次重建，今存之塔建于南宋嘉熙二年至淳祐十年（1238年~1250年），并由砖塔改为石塔。塔平面八角，五

图4-14 福建泉州开元寺双塔之仁寿塔

层，高48米余，仿木构楼阁式，形制与仁寿塔基本相同。

河北定州市料敌塔，高84米，是我国古塔中最高的一座，相当于如今的28层高楼。此塔的建造，除了佛教的原因外，还有军事上的原因。由于定县是北宋的边防重镇，宋王朝为防御北方的辽，于是造此高塔用来瞭望敌情，所以此塔名叫"料敌塔"，又叫"瞭敌塔"。但从佛教本身来说，此塔之建造，是由于当时有一位叫会能的僧人，往西方取经，得舍利子而归，为供奉舍利子，宋真宗皇帝亲下诏书而筹建。此塔建于开元寺，所以它的实际名字叫"开元寺塔"。此塔始建于北宋咸平四年（1001年），于至和二年（1055年）建成。此塔砖砌，平面八角，高十一层。塔形简洁秀丽，比例和谐。塔各层东、南、西、北均有门。第一层较高，上有腰檐平座，其上各层则只有腰檐。塔顶雕饰忍冬草覆钵，上为铁制承露盘及青铜塔刹，均为宋代形制。图4-15为此塔之外形。

图4-15 河北定县料敌塔

六和塔坐落在浙江杭州市南的钱塘江畔月轮峰下。此塔始建于北宋开宝三年（970年），原为九层，高约167米。北宋宣和三年（1121年）毁于兵火。今之塔（砖砌部分）是南宋绍兴二十六年（1156年）始建，乾道元年（1165年）建成。今塔之外木檐廊是清光绪二十五年（1899年）重修之物。六和塔砖身木檐，平面八角，外观十三层，内七层，高59.89米，楼阁式。塔内外可分为外墙、回廊、内墙、小室四部分，形成内外双环。内环为塔心室，外环为厚壁，中间夹有回廊。楼梯在回廊之间。外墙的外壁在转角处设倚柱，并连接檐。墙身四面有门，门内有通道，两侧设壁龛。里面的回廊两侧即双层壁之墙，内墙边辟门，另四边设壁龛，依层相间设置。塔的顶层及塔刹为元代所修。塔的须弥座有砖雕200余处。

祐国寺塔，位于今河南省开封市东北的黄河边上，俗称"开封铁塔"。其实此塔并不是铁的，而是砖塔，由于塔的表面用棕色琉璃砖贴面，外观呈铁锈色，故被称为铁塔。此塔建于北宋皇祐元年（1049年），平面八角，十三级，高54.66米。塔基由于黄河泛滥而被淹没于地下。塔身用不同形式的琉璃砖砌成，但总体形式仿木构楼阁式。檐下设有斗拱，檐上饰

图4-16 苏州定慧寺罗汉院双塔

黄色琉璃瓦。塔顶为八角攒尖顶、宝瓶式的铜塔刹。整座塔造型挺拔，雄伟壮观。

罗汉院双塔位于苏州市内东南的定慧寺内。双塔所在的寺院名寿宁寺万岁院，后改名为罗汉院。双塔始建于唐代咸通二年（861年）。宋代太平兴国七年（982年），王文罕兄弟二人在院内创建此双塔。南宋时双塔部分为金人所毁，绍兴年间（1131年~1162年）被修复，今为此时所修之原物，如图4-16所示。这两座砖塔平面八角，七级，腰檐做反翘状。内部自下至顶，各层楼面和楼梯均用木构。塔之窗，逐层调换开设。这两座塔的另一特点是顶上的相轮塔刹特别高大，占去塔高的三分之一，但这种做法对结构不利，遇大风容易被吹折。据记载，在明代嘉靖年间和清代乾隆年间，塔刹、相轮都被吹折过。人们在1954年修东塔时，将被吹歪的相轮扶正，近年来又做过矫正。

4.5 两宋的住宅和园林

4.5.1 两宋的住宅

两宋时期的住宅建筑留存至今的原物已基本无存，要了解当时的住宅，只能在绘画中见到。其中北宋画家张择端的《清明上河图》中所绘的住宅，表现出许多宋代住宅的外形。著名的建筑历史学家刘敦桢在《中国古代建筑史》（中国建筑工业出版社，1981年）中说："宋朝农村住宅见于《清明上河图》中的比较简陋，有些是墙身很矮的茅屋，有的以茅屋和瓦屋相结合，构成一组房屋。"又说："城市的小型住宅多使用长方形平面。梁架、栏杆、槅格、悬鱼、惹草等具有朴素而灵活的形体。屋顶多用悬山或歇山顶，除草葺与瓦葺外，山面的两厦和正面的庇檐（或引檐）则多用竹篷或在屋顶上加建天窗。而转角屋顶往往将两面正脊延长，构成十字相交的两个气窗。稍大的住宅，外建门屋，内部采用四合院形式。"（图4-17）

除了《清明上河图》外，其他好多宋画中也反映出当时的住宅建筑形态。如当时的山水画家王希孟的代表作《千里江山图卷》，表现出山村野市、茅棚楼阁等建筑形象。图中画出许多住宅形式。人们从画中可以看出，当时的住宅有单条状的、曲尺形的、"丁"字形的、"工"字形的、三合院的、多进四合院的，以及由廊庑等组合而成的大宅。可见到了两宋时期，我国的住宅建筑形式已经定型，在一定的模式下系列化，并能用一定的方式进行拼接。

南宋画家刘松年多画宅第之类的画。如他的《四景山水》，画的是杭州西湖边上的景色。住宅在宋画中出现较多，还有如《文姬归汉图》《汉宫图》《溪亭客画图》《江山秋色图》等等。

图4-17《清明上河图》（局部） 北宋 张择端

4.5.2 两宋的园林

北宋的皇家园林是比较辉煌的。主要的皇家园林是东京（汴梁）大内的御花园延福宫及城东北的艮岳。艮岳是一座大型的人工筑成的山水园。另外还有分布在城郊的琼林苑、玉津苑、宜春苑、含芳园等，这些均属帝王的行宫。其中最著名的是琼林苑中的金明池。

艮岳是一座大型的皇家园林，其最著名的是石。此园周围十余里，"岗连阜属，东西相望，前后相续，左山而右水，后溪而旁陇，连绵弥满，吞山怀谷，其东则高峰峙立，其下则植梅万数，绿萼承趺，芬芳馥郁"（宋徽宗《御制艮岳记》）。艮岳的造园特点，可以归纳为下述几点：首先，把人们主观上的感情以及对自然美的认识及追求，比较自觉地移入园林创作之中，它已不像汉唐时那样，而是在有限的空间内表现出深邃的意境。其次，它在造山水自然园景方面，手法灵活多样，以假山之形，营造出真山真水之气质，"引江水"，"凿池沼"，"沼中有洲"，洲上设亭，并把水"流注山涧"。总之，艮岳的叠山理水的造园手法已相当完美。其三，园中建筑造型及布局也十分妥帖。不同类型的建筑被布置在山间水边：依山者有倚翠楼、清阁，临水则有胜筠庵、蹑云台、萧闲馆、雍雍亭等。

图4-18 宋画《金明池夺标图》（临摹）

金明池位于东京城西的郑门外，图4-18是宋画《金明池夺标图》（临摹）。人们从此画中可以看出，池岸建有临水的殿阁，还有船坞、码头等，池的中央有岛，岛上建殿阁，并以圆形的围廊围于阁的周围，有桥与岸相连。这一景，使人联想起北京颐和园昆明湖上的十七孔桥、小岛及小岛上的龙王庙。这座皇家园林有些特别，它在池中经常举行龙舟比赛等活动，供帝王们观赏，所以这也是一处游乐性的场所，有些类似于当今的"游乐场所"。

再说南宋的园林。临安（杭州）是南宋园林最多的地方，这些园林大多数围绕着西湖来建造，当时西湖边上的园林不计其数。此处择其典型者，说几座当时的园林。

集芳园：集芳园位于西湖之北的葛岭山麓，前有西湖，后有葛岭，均可借景，为当时园林借景手法之典范。这是太后的私花园，所以有宫苑气，建筑皆雕梁画栋，富丽堂皇。建筑上的匾额数不胜数，仅高宗所送的就有"雪香""翠岩""绮秀"等10余块之多。园中还有小园，如熙然台、无边风月、步归舟等等。

延祥园：延祥园在孤山西侧，内有瀛山屿、六一泉、挹翠、清新堂、香月等景物。宋理宗赠一楹联："疏影横斜水清浅，暗香浮动月黄昏。"（引用林和靖《山园小梅》句）此园文士气较浓，有淡泊之逸趣。

聚景园：聚景园一名"西园"，位于清波门外，也借西湖之景。此园格调不甚高，其名较浅俗，有宫廷气；但园的规模较大，建筑豪华，内有会芳殿、流春堂、揽远堂、芳华亭等二十几座建筑。后来此园败落，到明清时，即合为西湖十景之一的"柳浪闻莺"。

当时杭州的名园数不胜数，以下所列较有代表性。玉津园在嘉会门外，绍兴十七年（1147年）建。此园仿北宋的玉津御园，供帝王射御习艺。富景园在升仙桥附近，即东花园，内有孔雀园、茉莉园、百花池等，亦为宫苑。南园在雷峰塔附近，一名"庆乐园"，以亭榭得名，还有射圃、走马廊、流杯池等。秀邸园在钱塘门外，一名"择胜园"，绍定三年（1230年）秀王建别墅，宋理宗亲笔题"择胜"匾。水月园在大佛头西，高宗亲笔题赐杨存中园名"水月"，孝宗时又赐秀王伯圭。隐秀园在钱塘门外，为刘鄜王之别业。挹秀园为葛岭下杨驸马别业。史园在葛岭西，内有半春、小隐、琼华三园，为史弥园别墅。甘园在净慈寺侧，内侍甘生之园，又名"湖曲园"，后赐谢节使。斑衣园在九里松附近，为韩世忠之别墅。

苏州园林也很多，这里说沧浪亭。园中建堂造屋，理水叠山，林木掩映，造得十分雅致。可幸的是此园至今仍保持原来格局。

4.6 重要的古建筑典籍和桥梁

4.6.1《营造法式》

两宋时期对于建筑来说是一个很重要的转折时期，《营造法式》这部伟大的著述，可以说是这种转折的标志了。

《营造法式》纲目清晰，有条不紊，详尽而系统地记述了当时的一系列官式建筑规程，包括建筑的规划、设计、施工、用料及劳动定额等。书中把当时的建筑设计方法概括为"以材为祖"四个字。这种方法其实是从对自汉唐以来建筑业的总结的基础上得出的。

《营造法式》的作者李诫（？年～1110年），郑州管城人，博学多才，又善于实践。元祐七年（1092年），他被调到汴梁任职"将作监"（相当于皇家工程总负责），官职由主簿、丞、少监直至正监。李诫在将作监任职期间，主持修建了五十邸、龙德宫、朱雀门、九成殿、太庙和钦慈太后佛寺等工程。绍圣四年（1097年）十一月，李诫奉旨"重别编修"《营造法式》，此时他已在"将作监"工作了六七年，具有丰富的实践经验。在此基础上，他总结出许多营造的法式，于是开始编写《营造法式》。此书共34卷，内容分为五部分：

一、"序""子"和"看样"。此三部分属"序目"，扼要地叙述了交代任务的经过和编写指导思想。"看样"部分详细地说明许多规定及数据，如屋顶的坡度线及其画法、计算材料所用的各种几何形的比例、定垂直和水平的方法。其还对用"功"做了原则性的规定："功分三等，为精粗之差"，即按照工种的难易、手艺的高低，把"功"分为上、中、下三等；在计算劳动定额时，"役辨四时，用度长短之晷"，即据一年四季日照时间的长短来规定服役时间，将夏季定为长工，春秋定为中工，冬季定为短工，工值以中工为标准，长、短工则增减百分之十；又定"木议刚柔而理无不顺"，按木质软硬定出加工定额的差度；"土评远迩力易以供"，按取土的远近定出定额的多少。这些原则规定，都为"功限"的制定提供了依据。

二、"总释""总例"二卷。此二卷注释各种建筑和构件的名称，力求统一。另外，"总例"中对营建的某些规定和数据加以说明，如计算木料的方圆几何关系和计算人工的"工限"标准等。

三、各种制度十三卷。此十三卷分别叙述了壕寨、石、大木、小木、雕、旋、锯、竹、瓦、泥、彩画、砖、窑共13个工种的标准做法。工种的排列，基本上是按施工程序的相互衔接、相互配合来考虑的。土方工程、基础工程、承重结构体系、装修工程、墙体、屋盖等方面都被依次说到了。各作制度中，既有一般做法，又有特殊做法，以适应不同情况与不同要求。

在书中占很大篇幅的是各作的制度，如同"法规"。这是工程质量方面"关防"的重要内容，是研究古建筑的重要部分。它完整地总结了建筑工匠熟练运用的模数制，规定"凡构屋之制，皆以材为祖"。这就是说，设计建造房子，以这幢建筑中所用的斗拱的"材"为依据。"材"就是拱的断面，高5厘米，宽3.3厘米。一般工匠只要依据所定的口诀记住各种构件的"分"数，就能施工建屋，免去了大量的数字换算，能减少差错，提高工效。

四、"功限""料例"十三卷。为了达到对建筑经济"关防"的目的，此十三卷对13种制度的各工种的劳动定额和用料定额都定得非常细致：例如制作斗拱、斗八藻井、重台勾栏的木工算是上等工，能按橡子制作乌头门的木工算为中等工，能做草架、板门的为下等工；还提出不能大材小用，规定特等大材须整料用作第一至三等材大殿的梁柱，不准分小使用；还规定有许多木材拼接的灵活做法，石料加工也同样。

五、各种工程图样共六卷。工程图样包括平面、剖面、立面及大样等。这也反映出当时的技术、工艺水平之高，更反映出宋代的理性精神之发展。

4.6.2 南宋的桥梁

浙江绍兴城内的八字桥，位于城东八字桥直街东端。此桥始建于南宋嘉泰年间（1201年~1204年），重修于南宋宝祐四年（1256年）。今桥下石柱上有"时宝祐丙辰仲冬吉日建"等字，这是重修之见证。此桥为石构，造型奇特，为我国古代水陆交通交错处理之杰作。此桥连接五街三河，处理得甚妙。桥呈东西向，横跨在一条由会稽山麓自南向北而流的河上。在桥的南侧，东西向又有一条小河与主河道相通。由桥心向西下数级石级，有一平台，至此桥势陡转，分别向南、北两个方向下去。南面石级下去，又有一个平台，然后向西、向南，分两个方向下桥。其向西一直伸至八字桥直街；另外一个方向是向南下桥，与它对称的是向北下桥。主桥西侧的平台下面，就是从西面来的河道，形成两河"丁"字形交接。

复习思考题

1.简要阐述北宋都城汴梁。

2.简要分析北宋所建的晋祠圣母殿。

3.对北宋所颁布的《营造法式》做简要分析。

4.简述南宋都城临安城市和皇宫的特点。

5.《营造法式》一书内容有哪五个部分？请简述之。

6.简要分析北宋皇家园林艮岳。

第五章

辽、金、西夏及元代建筑

5.1 辽、金、西夏的城市和宫殿

5.1.1 辽、金、西夏概说

在我国历史上除了汉族以外，还有许多少数民族，这些民族往往形成独立性的政权形式，如在两宋时期，在我国的北方有辽（907年～1125年）、金（1115年～1234年）及西夏（1032年～1227年）等。

这一时期在建筑上有如下几个特点：一是汉化。因为这些民族的文化比起汉地文化来仍显得比较落后，所以他们往往学习汉地文化（包括文字、民俗文化等），因此其在建筑上也形成与汉地建筑十分相似的情况。如山西应县木塔，是辽代建筑，但看起来与汉地建筑无二；山西大同善化寺建筑也同样如此。二是民族文化上的差异。相对来说，这些民族的建筑要比汉地的建筑来得简约、粗犷。如元代所建的八达岭居庸关，就显得比较敦实、简约，而且庄重。三是尚未脱离本民族的某种习俗。例如元大都（今北京）的后部设一大片草场，皇帝有狩猎的习惯，每年要定时去那里进行骑射活动。四是不论辽、金、西夏和元，其建筑文化都统一在同一类型之下，形成中国统一的建筑文化。这种文化在当时世界范围内有着相当高的地位。

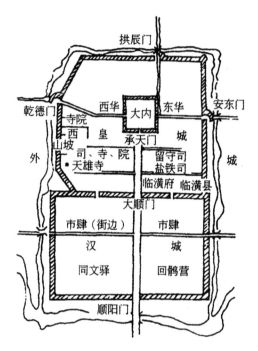

图5-1 辽上京临潢府故城发掘图

5.1.2 辽代的城市和宫殿

辽建都临潢（即今内蒙古自治区巴林左旗之林东镇南）。辽都城称"上京"，分南北两座城，今城的遗址尚在。北城是皇城，呈正方形平面，东西宽和南北长均约2千米余。城内正中今尚有高地，平面约500米见方。据考古学家研究，这里可能是当时辽国的皇宫所在，北端地形较为规则，为禁苑所在。宫殿位于南端，今除了还有长方形的建筑地基外，尚存石狮一对。据考古学家研究认为，这里是当时的宫殿正门承天门。据《辽史·地理志》记载，这里还有寺院安国寺，以及绫锦院、内省司曲院、瞻国省司二仓等。（图5-1）

5.1.3 金代的城市和宫殿

金比辽略晚，其主要势力范围最早在今东北、内蒙古东部一带，其首府上京会宁，在今之黑龙江省哈尔滨市阿城区南2千米许。这里地形甚佳，西有高山为屏，东有阿什河。这座城如今当然也成了一土堆。据发掘研究，此城为长方形，东西2300米，南北3300米。东北近沼泽地，所以凹进近400米。城墙用土筑，今尚留存一些约5米高、约3米厚的城墙。城四周各有一门，均不相对，外有瓮城。城分南北两部分，中设隔墙，墙中偏东处设门。南部靠西北处地势较高，据分析研究，此乃官殿所在。如今尚留有宫城遗迹，约560米见方。宫殿区的正门在南，与城的南门相对。正门前左右有高丘，是防御性的建筑。

1115年，金灭辽，于贞元元年（1153年）将都城迁至中都（这里原是辽的南京），并做大量的建设。当时辽曾派画工至宋都东京（开封），测绘了宋都城形制及建筑形式，以此作为借鉴。金中都为两套方城，外城东西宽约3800米，南北长约4500米。每边设三门，城内中部是皇城。道路从城门延伸，垂直交叉，形成规则的"井"字形。宫城南中轴线约2千米，两边皆建宫殿、寺庙等。宫城前有石桥及千步廊。进入宫城，至大殿，大殿建在高台基上。大殿之后中轴线上是高高的天宁寺塔。

金中都建设时，动员人役80万人、士兵40万人，工程浩大。宫殿苑囿十分辉煌。城东北建大型苑囿，有宫殿，其中最大的宫殿是万宁宫，这就是今北京之中南海。这座美丽豪华的都城，后来被元兵破坏，成了一片废墟。

5.1.4 西夏的城市和宫殿

据史料记载，我国西北少数民族党项族首领元昊于1034年建年号，1038年称帝，国号大夏，史称西夏。西夏东迄今山西与陕西交界处，西至今新疆与甘肃交界处，北起今内蒙古北部，南达西宁（今青海省会）。

西夏都城兴庆府，后来称中兴府，即今之宁夏回族自治区省会银川。图5-2是西夏兴庆府城池及其周围湖沼等的平面图，可见西北地区在这一带还是比较湿润的。兴庆府宫城位于城内偏北，其西北是元昊避暑宫，相当于皇家苑囿。

宫城以宫墙、门阙与城市的其他部分相隔绝。宫城左右前后，有宗社、市集。城内驻有五千侍卫军，以贵族领主的亲属成员中擅长弓马技击者组成，负责宫城的卫戍。

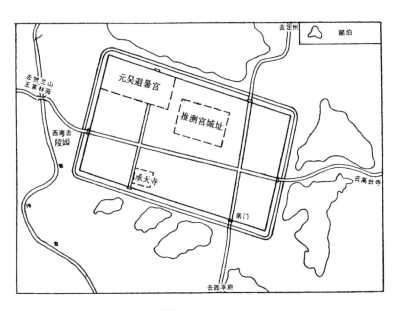

图5-2 西夏兴庆府城池及其周围湖沼等的平面图

5.2 元大都及其宫殿

5.2.1 元大都

1206年，蒙古族首领铁木真在斡难河畔即位，称成吉思汗，创建了蒙古帝国。中统元年（1260年），忽必烈即位于开平府（今内蒙古自治区正蓝旗东）；中统四年，以开平为上都，至元元年（1264年），定燕京为中都。至元八年（1271年）十一月，忽必烈定国号为"元"。第二年初，其改中都为大都，并从上都迁鼎大都。

元代虽为蒙古人统治，却也努力汉化，古元大都的规划思想，概仿《周礼·冬官考工记》中的做法，"左祖右社，面朝后市"。图5-3就是元大都的总平面略图。城分三套：外城、皇城、宫城。外城东西宽6635米，南北长7400米，共设11个城门。城内街道泾渭分明，布局规整，显然是汉地城市做法。但蒙古人免不了有自己的生活方式和习俗，因此反映在都城形态上，则毕竟有所不同。蒙古乃游牧民族，自幼培养骑射，无论民间还是皇家，无不如此。所以在元大都的北部，尚有仿北方草原形态的一大块地方，供帝王及皇家子弟们练习骑射之用。

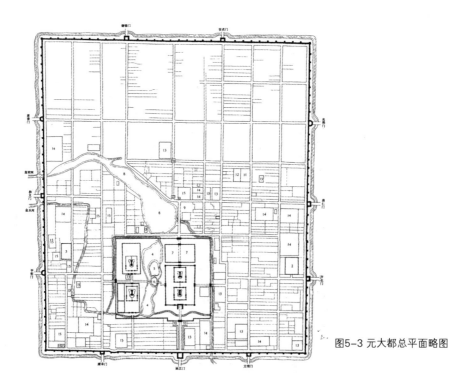

图5-3 元大都总平面略图

5.2.2 宫殿

元大都皇城在都城的中部偏南处。它的东宫墙在今北京南北河沿的西侧，西宫墙在今北京西皇城根一线，北宫墙在今北京地安门南，南宫墙在今北京的东、西华门大街南。南宫墙正中的灵星门，在今北京的午门附近。皇城之内，以万寿山、太液池为中心，大内、隆福宫和兴圣宫三组宫殿有三足鼎立之势。

宫城的正门崇天门，11开间，下开5个拱门，东西长62米，南北厚18米。宫内宫门全是金铺、朱户、丹楹、藻绘、彤壁，并以琉璃瓦饰檐脊。宫城四角均有角楼，一是用作守护，二是增添壮丽。

崇天门外有三座玉石桥，三条路，中间为御道，刻有蟠龙。门内又有一门，即大明门，里面有大明殿。这里是元帝登极之地，也是正旦寿庆会朝等之地。大殿11开间，东西长67米，南北深40米，屋脊高30米。殿内建筑华丽，色彩绚丽，青石刻花柱础，玉石圆润，文石铺地，丹楹饰金，并刻蟠龙，朱琐窗布于四面，内全绘藻井，中设七宝云龙御榻，并设后位。殿前设科学家郭守敬（1231年~1316年）所进七宝灯漏、贮水运转机械等，小偶人逢时刻会捧牌出来，奇妙非凡。摆设中有巨大的漆瓮，高1丈7尺5寸，可盛酒50余石。此殿之后，有柱廊七间，深80米，宽15米，高17米。柱廊后为寝室5间，东西夹6间，后连香阁3间，东西47米，深17米，高23米。

大明寝殿东为文思殿，西为紫檀殿。紫檀殿以紫檀香木做成。后面宝云殿，此殿之左右又有文武二楼。宝云殿后为延春阁。此殿九开间，三重檐，十分豪华。延春阁东为慈福殿，又叫"东暖殿"；西为明仁殿，又叫"西暖殿"。此外还有至德殿、东香殿、西香殿等。

隆福宫在大内西，近太液池，为皇太后等居住。此宫后来改名为"光天殿"。其左右二殿为青阳楼、明晖楼。其后为东西两暖阁，后面还有针线殿。

兴圣宫在大内之西，靠万寿山隆福宫之北，这里是皇太后、嫔妃们所住之地。

5.3 宗教建筑

5.3.1 辽金时期的寺院建筑

天津蓟州区独乐寺。此寺最早建于唐初，于辽代重建。独乐寺山门建在低矮的台基上，坐北朝南。此建筑规模不大：面阔三间，进深二间，中间为门道，两侧有手执金刚杵护卫山门的金刚药叉像。入山门，正北为观音阁，是寺的主体建筑。这是一座三层的楼阁式建筑，但外面看上去只有两层，因为中间的一层是夹层。屋顶为歇山顶，下层设回廊、栏杆及腰檐，形式颇为特别。此建筑总高23米。据考古学家研究，此建筑建于辽统和二年（984年）。

观音阁内部须弥座，上设泥塑11面观音，像通高16米，形态端庄、生动，姿态优美，为辽代塑像之上品。这座建筑的特点是中空，周围上部设两层回廊，如图5-4、图5-5所示。

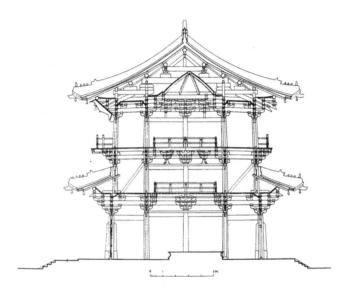

图5-4 天津独乐寺观音阁剖面图

图5-5 天津独乐寺观音阁实景图

山西大同华严寺分上、下两寺。上华严寺位于大同市，其创建于何时，有各种说法。《重修上华严禅寺感应碑记》（刻于明代）称它建于唐代，但《重修上华严禅寺碑记》（刻于清代）中说它创建于北魏。而据历史学家认为后者是比较可靠的，它建于辽代清宁八年（1062年）。

辽代时，此寺规模较大，建筑雄伟，内有大雄宝殿及其他许多建筑。据史书记载，寺内有"南北阁，东西廊。北阁下铜、石像数尊"（《山西通志》），据说其中还有辽帝后像。

12世纪中叶，辽金大战，金兵入侵大同，寺毁于兵火。后来这里归金所有。金熙宗天眷三年（1140年），大殿、观音阁、山门、钟楼等被重建。后来，元、明、清历代均对此进行过重修，而寺一直保持至今。

上华严寺建筑以大雄宝殿为中心，另有三山门、前殿及钟鼓楼、祖师堂、禅堂、云水堂及两厢廊庑等，布局严整，井然有序。主体建筑大雄宝殿为金代天眷三年（1140年）所建之原物。此殿面阔九间，达54米，进深五间，达29米，总面积1559平方米，为我国最大的佛殿之一。屋顶用单檐庑殿顶，为典型的辽金时期的建筑风格。殿内由于用"减柱法"，所以空间宽大，对当时来说是一种比较先进的木结构做法。

下华严寺位于上华严寺的西南方，寺内有薄伽藏殿、海会殿等建筑。其总体布局特征是多院落式的。与上华严寺比较，下华严寺布局则显得自由，建筑风格也更灵活。最著名的建筑是薄伽藏殿。此殿内是藏经之地。殿为辽代原物，建于辽重熙七年（1038年），是我国仅存的辽代殿宇。殿内壁藏做得十分考究。沿内墙排列藏经的壁橱共38间，仿重楼形式，分上下两层，在后窗处中断，做成"天宫楼"，五开间，飞越窗上，以圜桥与左右壁橱相连接，真实地表现了辽代的建筑风格。

山西大同的善化寺创建于唐中叶，后来毁于兵火，于金天会六年（1128年）被重建。寺采用中轴线对称布局。寺内主体建筑大雄宝殿是辽代之原物。普贤阁、三圣殿及山门等为金代所建之原物，大雄宝殿建在一个高台上。此殿面阔七间，进深五间，屋顶形式单檐庑殿顶，其做法是典型的辽代建筑风格（屋面坡度较平，上面的屋脊较短）。殿内正中佛坛上有塑像五尊，称"五方佛"，衣纹流畅，姿态容貌端庄。寺内普贤阁平面方形，两层，中有腰檐，顶为歇山式，楼上设围廊栏杆，具有人情味，可谓富有中国佛教建筑之典型气质。

三圣殿面阔五间，进深四间，也为单檐庑殿顶。殿内除中央佛坛上有"华严三圣"（中为释迦牟尼，两边为文殊、普贤菩萨）外，还有石碑四块。其中宋人朱弁撰文的《大金西京大普恩寺重修大殿纪》，很有文物、史学价值。

奉国寺位于今辽宁省义县城内，此寺初名"咸熙寺"，后改为"奉国寺"。现存的寺呈前狭后宽形状，中轴线布局。自山门起，牌楼、无量殿和大雄殿依次分布。大雄宝殿建于辽代开泰九年（1020年），建筑形式为面阔九间，进深五间，单檐庑殿屋顶。此建筑规模甚大，为辽代所建之原物。殿内中间即为七佛。图5-6是奉国寺总平面图。

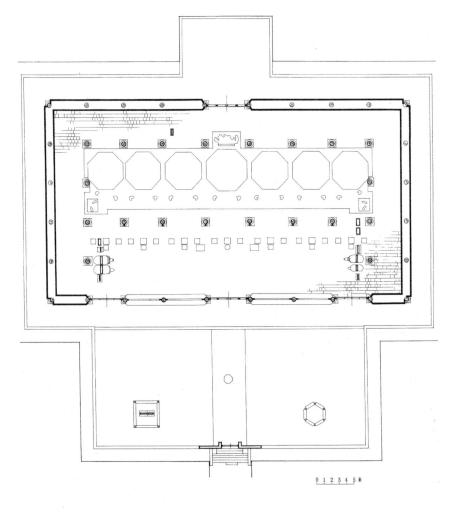

图5-6 辽宁奉国寺总平面图

5.3.2 塔幢

应县木塔。这是我国古代留下来的唯一的木塔（其他还有砖塔、砖木塔、石塔及金属塔等）。这座佛塔的正式名字为"佛宫寺释迦塔"。此塔坐落在山西应县，故人们称之为"应县木塔"。此塔建于辽代清宁二年（1056年），历代虽多次维修，但其主体结构仍为当时之原物。此塔为平面八边形，外形为五层六檐（底层为双檐），内部为九层（有四层是暗层）。塔高67.13米，底层直径为30米（近似值）。塔建在4米高的两层石砌台基上。塔身内外双槽立柱，构成双层套筒式结构，柱头柱脚均有水平构件连接。暗层中又用斜撑，使它具有坚实的整体性。各层塔身每面三间四柱，东、南、西、北四个方向中间开门，可以外出至廊，有栏杆围护。塔的第一层内壁有如来画像六尊，中间顶部藻井高耸，下为高大的释迦牟尼佛像。第二层正中有方坛，上有一佛二菩萨，佛即释迦牟尼，西为普贤，东为文殊。第三层八角坛上为四佛：东方阿閦佛，西方阿弥陀佛，南方宝生佛，北方不空成就佛。第四层又是四方坛，释迦牟尼佛像居中，八大菩萨分坐八方。图5-7为应县木塔外形。

图5-7 山西应县木塔实景图

天宁寺塔。此塔位于今北京市广安门外。天宁寺始建于北魏孝文帝时，初名"光林寺"，隋代改为"宏业寺"，唐代又改名为"天王寺"。元末寺院毁于兵火，于明初重建，改名为"天宁寺"。寺中之塔始建于辽代重熙年间（1032年~1054年），距今已近千年。

天宁寺塔总高57.8米，密檐式实心砖塔，平面八角，共13层。此塔建造在一个方形砖砌的大平台上，平台以上是两层八角形基座，下层基座各面以矩柱隔成六个门形的龛座，龛内雕有狮头；龛与龛之间雕缠枝莲、宝相花等纹饰。平座之上用三层仰莲座承托塔身。塔身平面也为八角形，八面间隔着浮雕拱门和直棂窗，门窗上部及两侧浮雕金刚力士、菩萨等神像。塔身转角砖柱上浮雕升降龙。塔身上有浮雕的栏额和普柏枋，折角部位交叉出头处所截平齐，这就是辽代的木构建筑做法。塔身以上是十三层塔檐，檐下均是仿

图5-8 北京天宁寺塔实景图

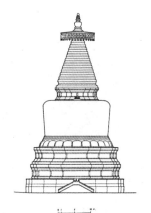

剖面图

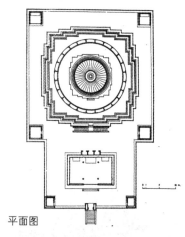

平面图

木构的砖斗拱。塔顶用两层八角仰莲座、上乘宝珠作为塔刹。1976年唐山大地震时，塔刹被震落，其余尚完好。图5-8为天宁寺塔的外形。

5.3.3 元代的佛教建筑

先说元代的寺院。位于今上海西北的真如寺，俗称大寺。此寺创建于宋代，其中正殿为元代延祐七年（1320年）所建之原物，真如寺建筑体现元代建筑的特点。现存正殿中的梁、柱、枋及斗拱等主体结构，大部分构件是元代之原物。1963年大修时人们发现，好多处接榫均有墨写构件名称及部位之字样，因此确认其为元代建筑。此殿面阔三间，进深三间，平面方形，外观为单檐歇山顶。檐部用四铺做单下昂斗拱，柱头有卷杀，柱子有侧脚，素覆盆柱础，上施石礩。明间内额下，贴有小枋一条，枋底用双钩阴刻"时大元岁次庚申延祐七年癸未季夏月乙巳二十乙日巽时鼎建"26字。为了室内的观瞻，前后金柱上构人字形假屋一层。假屋顶上梁架施工颇草率，称草架。

元代的佛塔。位于今北京市阜成门内大街北侧的妙应寺白塔，为元代建造之物。（图5-9）

妙应寺白塔由塔基、塔身、相轮三部分组成。塔基砖砌的须弥座，高9米。塔基底部为方形，其上有两层须弥座，向内收分二折，轮廓挺拔雄伟。上部有硕大的莲瓣承托塔身。平面呈圆形，上肩略宽，与清式喇嘛塔塔身高瘦比较，其造型显得浑厚丰满。塔身之上有"亚"字形的须弥座，略小，俗称塔脖子。再上则是层层向上收杀的相轮，称"十三天"。上部覆盖直径达9.7米、结构复杂的华盖，周围饰以有雕刻花纹的青铜板瓦，并悬有流苏及铃铎。华盖的上部又有5米高的八层铜质宝顶的塔刹，重达4吨。全塔高50.9米。

图5-9 北京妙应寺白塔实景图

5.3.4 道教建筑

永乐宫。此建筑原在山西永济的永乐镇，由于修建三门峡水库（原址将被水淹），1959年迁至山西芮城。

现存之永乐宫总平面见图5-10。自南至北，山门、无极之门、三清殿、纯阳殿、重阳殿依次分布。永乐宫是现存最早的道教宫观，也是保存最为完整的元代建筑。其中三清殿是永乐宫的主要殿宇（图5-11）。殿内四壁及神龛内满是壁画，绘于13世纪，线条飘逸流畅，构图统一饱满，描绘的是《诸元朝圣图》。图长90.68米，以三清为中心，组成雷公、雨师、南斗、北斗、八卦、十二生肖、二十八星宿和三十二天帝君的群像。像高均在2米以上。每位帝君和圣母的左右，都有玉女侍奉，仪仗簇拥，云彩缭绕，金碧辉煌。人物线条圆润，色调高雅，显示出元代画师的高超水平。纯阳殿中也有壁画，主要是表现道教中有关吕纯阳（洞宾）的神话故事。重阳殿中也有壁画，其内容是表现五祖之一的王重阳（知明）的生平及度化故事。无极之门也有壁画，其内容为神荼、郁垒（门神）及地方神祇、天兵天将等。这些壁画体现了道教的主要内容。1959年永乐宫搬迁时，人们对许多壁画原作揭制、复位，这一工程为史上所罕见。

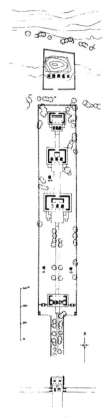

图5-10 山西永乐宫总平面图

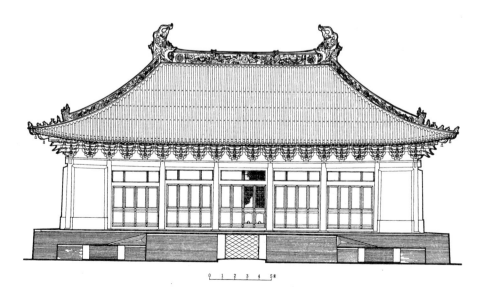

图5-11 山西永乐宫三清殿

白云观。此建筑位于北京西便门外，创建于唐代，原称"天长观"。此观后来毁于火灾，于金代大定十四年（1174年）重修，规模比原先的更大，也更为雄伟壮丽。白云观建筑今尚完好，其布局为中轴线对称形式。山门前有影壁、牌楼，入山门后在中轴线上有灵官殿、玉皇殿、老君堂、丘祖殿、三清四御殿、云集山房等六座主要殿堂。东侧有云水堂、丰真殿、修真堂、养真堂、功德祠、南极殿、藏经阁、斋堂、厨房等，西侧有十方堂、儒仙殿、八仙殿、吕祖殿、元君殿、元臣殿、祠堂等。后面还有后花园"小蓬莱"，中有戒台、云集山房及假山林木，环境清幽。白云观中心建筑是丘祖殿，此殿原名"处顺堂"，建于元太祖二十二年（1227年），建筑宏大，殿内有丘处机坐像。据记载，殿内原有长春真人西游图等，今已无存。

5.4 陵墓、园林及其他建筑

5.4.1 陵墓

西夏十二帝，统治达250余年。据调查，其陵墓有八座皇陵，陪葬墓达70余座。在宁夏贺兰山东麓东南角上，有两个规模甚大的陵墓，可能是西夏太祖李继迁、太宗李德明的嘉陵和裕陵。这两座陵墓为整个陵区的主陵，其余之陵依次而建。

和其他朝代皇陵相似，西夏皇陵也分为地上陵和地下宫殿两部分。所有陵园的朝向均坐北朝南，其地面建筑形式仿唐宋之陵墓格局，但也有自己的特点。据实地分析，每个陵墓都是单独的完整布局。其占地均10万余平方米。四周有陵墙，并分为内外两重。四角建角楼，与北京故宫紫禁城的角楼有点相似。整个陵园布局，自南向北顺次为阙门、碑亭、外城、内城、献殿和灵台。内城墙四面有门，献殿和灵台之间有土梁，长约50米，为墓道封土之处。其北为陵之高处，灵台即坟。西夏帝陵建筑的特点主要在灵台。汉地的王陵，多做成断头金字塔形状（棱台形）；西夏的王陵则形如佛塔（有圆的和八角的两种），而且做出五层或七层挑檐，还有绿色琉璃瓦覆檐，灵台的台身为暗红色，故墓的色彩鲜艳华丽。据发掘出的一座王陵和三座陪葬陵来看，王陵的地宫前有一个长约50米的斜坡墓道。地宫为一个前狭后阔的方形墓室，两侧各有一个耳室。墓室用土坯壁，前壁刷石灰，上画武士像。墓门呈拱形，室内以方砖铺地。因为陵墓早已被盗空，所以人们不知道确切的墓主。但所幸的是人们在残土中发掘出金银饰品、竹雕、马鞍金边及金甲片等，陪葬墓中还有石马、铜牛等残留下来的物件。

辽代的陵墓史料较少，在这里说说今内蒙古自治区巴林（左、右旗）一带的辽代陵墓。

辽庆陵原名"永庆陵"，位于内蒙古自治区巴林右旗辽庆州城（遗址）北的大兴安岭（辽代称"庆云山"）。山为东西走向，山麓葬有辽宗耶律隆绪、兴宗耶律宗真、道宗耶律洪基三个皇帝及其后妃。其陵分别为东陵、中陵和西陵。这些陵在民国初年被盗，随葬文物多已散失。墓内壁画内容丰富，东陵壁画中还绘有巨幅四季山水。

辽太祖陵，位于内蒙古自治区巴林左旗辽祖州城遗址西北的环形山谷之中。谷口山峰陡立，并筑有土墙阻隔，豁口仅可容小车通行。谷内古木参天，清泉冽冽，风景悠然。辽太祖耶律阿保机陵墓在谷内北山坡，石块垒起地宫墙身，遗迹已露表面。坡下尚存享殿遗址，翁仲、经幢等尚在。谷口两侧有守卫建筑遗址好几处。东侧小山顶有石雕大龟趺一个，其附近刻有工整秀丽的契丹大字的残破碑，很有文物价值。

金代的皇陵也有很多特点。金代的陵墓群位于今北京西南的房山区城西北约10千米的云峰山下。金代陵墓早已衰败，清初有所修缮，其主要陵墓有太祖睿陵、太宗恭陵、世宗兴陵、章宗道陵、熙宗思陵等。

元代陵墓，此处只说成吉思汗陵。此陵坐落在内蒙古自治区伊克昭盟的伊金霍洛旗。"伊克"是大的意思，"昭"是寺庙，所以"伊克昭"就是大庙。这里是鄂尔多斯七旗会盟之地，他们每年都要在这个大庙会盟，这种制度延续了300多年。成吉思汗陵建在这里的原因是，相传1226年，他率兵攻打西夏时就已看中这块地方，第二年病逝，人们便照他的遗愿，将其葬在此地。今成吉思汗陵是新中国成立后建造的。

5.4.2 园林

辽金时期的园林，史料较少，实物更少。他们入主中原时，在北方一带也曾建苑造园，但多仿汉制。金中都之造园，其数量与规模其实也不亚于宋代。当时皇城内有宫城，宫城之西，以天然的河道湖泊，开辟出风景秀丽的苑囿。同乐园，又叫"西华潭"或"鱼藻池"，其内兴建瑶池、蓬瀛、柳庄、杏村等景点，有"晚风吹动钓鱼船"之美誉。金中都之东北郊，利用原来的天然湖泊，仿汴梁的艮岳皇家园林。湖中有琼岛，环湖点缀着宫殿楼台。这就是如今的北京北海之前身。如今北海琼华岛上的许多假山，就是当年从汴梁艮岳等地运来的。总的来说，辽金因为多学汉地文化，所以其园林的艺术文化没有什么新的创意。

元代的园林，其皇家苑囿就是元大都（今北京）中的大内御园。园中主体是太液池，池中三岛布列，沿袭皇家园林的"一池三山"规范形态。其中最大的岛屿就是金代修建的琼华岛，其在元时改称"万寿山"。主峰顶部为广寒殿，中坡中部为仁智殿，左右两侧为介福殿、延和殿。此外尚有若干厅堂和亭子点缀其间。万寿山上，山石玲珑，重峦叠嶂。太液池中其余两岛较小，一名"圆坻"，另一名"犀山"。圆坻居中，上建仪天殿，北有石桥与万寿山相连。太液池沿岸系一派林木，郁郁葱葱，可爱非凡。

元代最著名的园林是古莲花池，位于今河北保定市。此园始建于元太祖二十二年（1227年），汝南王张柔镇保定，建造此园，初名"雪香园"，但因园内荷花特盛，所以又叫它"莲花池"，后者更为有名。园内池山林木、亭榭楼阁、斋轩厅堂甚多，且都围绕荷池（主体）而建。池分南北二塘，北大南小，北塘中间有桥堤分隔为东西二塘。堤上建水心亭，景观甚美。园中建筑以藻咏厅、水东楼、寒绿轩、水心亭、濯金亭、观澜亭等为主。

5.4.3 居庸关云台

居庸关是"万里长城"的重要关隘，位于今北京西北。此关有南北两口，南名南口，北称"八达岭"。中间是一条长达十余千米的关沟。这里为"燕山八景"之一："居庸叠翠"。

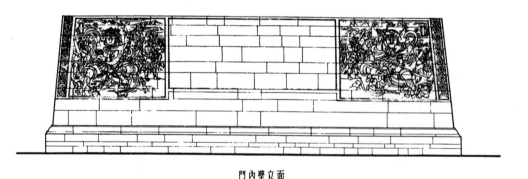

門内壁立面

0   1   2米

图5-12 北京居庸关云台内壁立面

居庸关的云台，建于元代至正五年（1345年），原云台上耸立着三座喇嘛塔，后塔被毁。云台用大理石砌成，平面为矩形，底部东西长26.84米，南北深17.75米，台身斜收，顶部东西长24.04米，南北深14.73米。台中开一个半六角形的石券门，宽6.32米，高7.27米，券洞长同云台底部。门道可通车马。台顶有两层出挑石平盘，上刻云头，下刻兽面及垂珠。台顶四周的石栏杆、望柱和外挑螭头，均保持元代雕刻的风格。券门和券洞上镌有极为珍贵的元代石刻。券门两旁有交叉金刚杵组成的图案。券洞两壁，四端刻浮雕四大天王像。这种由石块拼接的大幅浮雕，在我国古代雕刻中甚为少见。在四大天王浮雕之间，还有梵、藏、蒙、西夏、维吾尔、汉等六种文字刻成的陀罗尼经咒颂文。这也是研究佛典和古代文字极珍贵的材料。（图5-12~图5-13）

图5-13 北京居庸关云台实景图

复习思考题

1.试述元大都的基本布局。

2.简要分析天津蓟州区独乐寺观音阁的建筑特点。

3.对应县木塔做简要论述和评价。

4.简要论述北京妙应寺白塔的性质和特征。

5.简要论述山西永乐宫的概况及搬迁的意义。

第六章

明清建筑[上]

6.1 城市和宫殿

6.1.1 明代的南京、兴城和西安

先说南京。南京在历史上曾称建业、建康、金陵。朱元璋建立明朝，定都于此，始称南京。当时有一位儒生朱升，向朱元璋献策：定都金陵，改名为"南京"；都城建设概括成为"九字方针"——"高筑墙、广积粮、缓称王"。此策得到朱元璋的肯定，成为建都立国的指导方针。于是洪武元年，朱元璋建立大明，定都南京。

南京城有山有水，本是好地方，但也给建设带来麻烦。建造都城，从公元1366年开工至1386年完成，足足用了20年时间。城周长37140米，平均高度14.21米，用花岗石做城基，上砌巨砖。城门共有13座，分别为聚宝门（今中华门）、三山门（今水西门）、石城门（今汉西门）、正阳门（今光华门）、通济门、太平门、神策门（今和平门）、金川门、钟阜门（今新民门）、朝阳门（今中山门）、清凉门、定淮门、仪凤门（今兴中门）。有的城门建有瓮城，此为军事所需。聚宝门前临长干桥，后倚镇淮桥，三道瓮城由四道拱门贯通，各门均有上下启动的千斤闸和双肩木门。第一道城门设有旗杆，上有敌楼。城墙外设置砖垛，上有望口和射洞。城墙基部，埋有石刻武士像，其为"镇城"之物，但也有标识方位的功能。

明代的南京城既为大国之都城，所以城市的规划和建设也甚为讲究。

明代的西安也是一座重要的城市。洪武初年，都督濮英增修西安城垣，将韩建新城的东北两边各向外扩展，重修城垣，使其比原来的城垣更加坚固高大，同

时在城上建造起许多敌台、垛口，与城外深阔的护城河共同构成一个严密的防御工程体系。隆庆二年（1568年），山西巡抚在城垣上表砌一层青砖；崇祯末年，山西巡抚孙传庭又增修四门关城。这就是今之西安及其城垣情况。

兴城位于今辽宁省葫芦岛市西南约20千米处，这是一座明代所建的小城。兴城是一座形式非常规则的城市，平面呈正方形，四面设城门，城内东西、南北两条大街，对着城门，把城市划分成"田"字形。大道十字交叉处有一座中心对称的鼓楼，楼下有十字穿心的砖券门洞，不远处设牌坊。

兴城建于明宣德三年（1428年），城墙内用夯土筑，外包城砖，里面还镶有石块，所以比较坚固。当时建此城是为了防御关外少数民族来犯，故又叫"宁远卫城"。兴城每边长约800米。城内今尚存一座文庙。四个城门及箭楼等，保存完好。

6.1.2 明清北京

明代初年，朱元璋建都南京。后来朱元璋病逝，朱元璋之孙朱允炆即位，称建文帝。不久，燕王朱棣（朱元璋之子）与之相争，南京大乱，后来朱棣夺得政权，并决定迁都北京。明永乐四年（1406年），朱棣宣布自次年开始营建北京。永乐十八年（1420年），都城建设基本完成。第二年，明成祖朱棣在北京称帝。明崇祯十七年（1644年），清兵入关，入主中原，是为清朝，也定都北京，并且把明代北京城及宫廷殿宇几乎原封不动地保留下来，仅改建筑的名字及一些细部。1911年辛亥革命，推翻满清皇朝，建立"中华民国"，对建筑也未有多大破坏。1949年1月，北京和平解放，又被原封不动地保留下来，这是值得庆幸的。今天，北京故宫仍如故，可以说北京故宫已有590余年的历史了。图6-1是元明两代北京的变迁图。

为了加强城防，明朝提出"城必有郭，城以卫民"，于嘉靖三十二年（1553年）增建外城。外城共七个城门：东便门、广渠门、左安门、永定门、右安门、广宁门（清代改为广安门）、西便门。外城工程于嘉靖四十三年（1564年）竣工。由此，北京变成了一个"凸"字形平面。

北京内城是在元大都的基础上改建的。明军攻克元大都，后来元大都成为一座府城，即北平。明徐达命拆去北城，南移2.5千米另筑新城墙，后来又将城墙南移1千米，城的东西两边仍为元代的城墙。当时城周长46千米，城墙高12米，共设九门：东直门、朝阳门、崇文门、正阳门、宣武门、阜成门、西直门、德胜门、安定门。

皇城在内城的中间南侧，周长9千米。南为大明门，其两角门为长安左门和长安右门，东为东安门，西为西安门，北为北安门。大明门往北为"T"字形广场，其中设中央机关，如宗人府、吏部、户部、礼部、兵部、工部等。

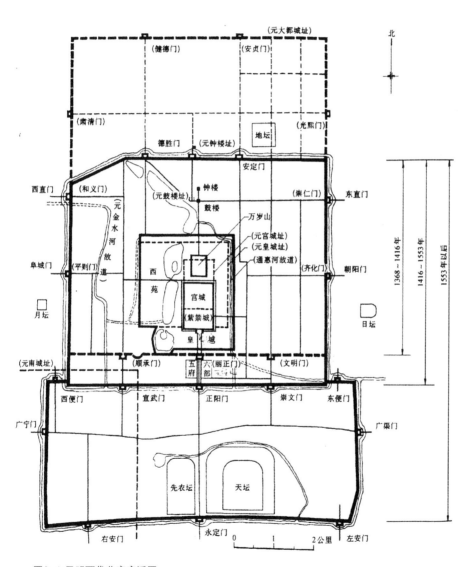

图6-1 元明两代北京变迁图

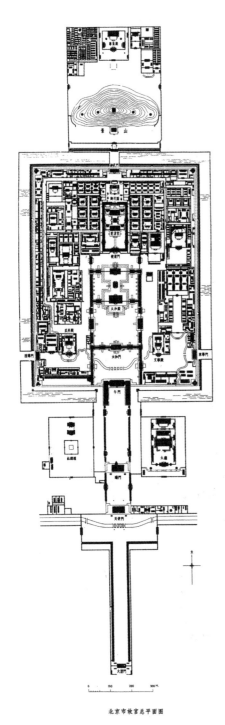

图6-2 北京市故宫总平面图

6.1.3 明清北京的宫殿

明代皇宫，皇城内是紫禁城。此城周长3千米，城高10米，里外均为砖砌，碧水环城，四隅建有高耸的角楼。宫城四面开门，南为午门，北为玄武门（清代改为神武门），两侧为东华门和西华门。

午门下为城门，上修楼，平面呈"凹"字形，有汉宫双阙之意象。中间开三门，旁边各开一门，称"五门"，谐音"午门"。城楼正中九开间大厦，两边有廊庑、角亭，连同中间的庑殿重檐顶，共五个屋顶，如五只朱凤齐飞，故曰"五凤楼"。

午门内是"外朝"，有皇极殿、中极殿、建极殿，人们称其为"三大殿"，两边有文华、武英二殿。三大殿曾三次遭火灾，三次重建。重建后，其改名为奉天殿、华盖殿、谨身殿。到了清代，其又改名为太和殿、中和殿、保和殿（又称"前三殿"）。

保和殿（即建极殿、谨身殿）后面是乾清门，里面是"后三殿"：乾清宫、交泰殿和坤宁宫。乾清宫是皇帝的寝宫，皇帝、皇后生活居住的地方。

后三殿东西两边即为"后宫"：东六宫及西六宫。图6-2是北京市故宫的总平面图。

前三殿的主殿太和殿（即皇极殿、奉天殿），在清代康熙年间两次重建，其建筑形制为所有建筑的最高等级：重檐庑殿顶，上设黄色琉璃瓦。屋角走兽数共十个，是所有建筑中最多的。（图6-3）清代时，这里是大朝之场所，每年元旦、冬至、万寿三大节及庆典、朝会、宴飨、命将、颁朔之礼等，都在此举行。中和殿是纂修《玉牒》（皇室谱系）举行告成仪式之处（每十年一次）。保和殿是清代每年新春举行赐外藩蒙古王公等盛宴之处。

养心殿在宫中是一座很特殊的建筑，它位于乾清门西侧，是连接前三殿和后三殿的重要枢纽。这一组建筑，本来是皇帝修身养性之所，但到了清代雍正时，其

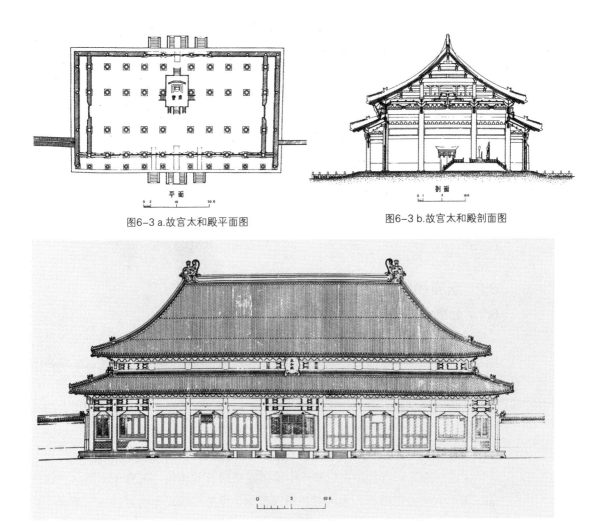

图6-3 a.故宫太和殿平面图　　　　　　　　图6-3 b.故宫太和殿剖面图

图6-3 c.故宫太和殿立面图

作用就不大相同了。本来皇帝起居内务都在"后三殿"，但自雍正开始，用兵西
北，战事频繁，故增设军机处。军机处被设在紧靠内廷的乾清门广场，便于随时召
见军机大臣，所以雍正皇帝就由后三殿改到养心殿来居住，起居政务都在此处。

　　养心殿是一组建筑群落，正门叫"遵义门"。养心殿东面隔一条长街就与乾清
门相接，北则为西六宫，东南则是紧接乾清门广场的军机处。这一组建筑由两个
院落组成。遵义门内有琉璃影壁，后面就是外院，四周建值房，院北过养心门，
里面是内院。院子当中是一座壮观的大殿。大殿有金色琉璃瓦，高高的台基。殿

前耸立六间抱厦，这就是养心殿。两侧有东、西配殿，它们屋宇相连，组成一个三合院。养心殿后是寝宫，左右是体顺堂和燕禧堂两朵殿，朵殿两侧是庑房，并一直向南部延伸。后寝宫及朵殿、庑房也形成一个三合院，并把养心殿及其东西配房紧紧地包围在中间，好似两个三合院套在一起。养心殿前部三合院为皇帝政务用房，院内有陈设，如日晷、铜炉、三头鹤香炉、铜缸等。后寝宫和朵殿等为后妃生活起居用房，空间不大，很有生活情趣。

养心殿东暖阁内，面西处设两个宝座，中间有一道黄纱帘，慈禧太后就在此垂帘听政。养心殿西暖阁分隔成几个小屋，其中较大的一间，悬挂着雍正所写"勤政亲贤"匾。这是养心殿中最小的办公场所。

6.2 坛庙和陵墓

6.2.1 北京太庙

《周礼·考工记》中有"左祖右社"之说。社就是社稷坛，是皇帝祭谷神的地方，即今之中山公园内。庙即太庙，是皇帝祭祀祖先的地方。太庙位于皇宫的东南侧。太庙由前、中、后殿和廊庑等建筑组成。正南为前门，入内三条道，有御河。中门设三桥；另外，东、西两边各有两桥。然后是一门（即戟门），门内一个院子，左右为廊庑配殿，院北正中（中轴线）即主体建筑太庙前殿。后面中轴线上还有中殿、后殿，其两边仍有配殿，最后即后门。

太庙前殿是一座我国古代建筑中等级规格最高的建筑，面宽十一间，进深四间，屋顶为庑殿二重檐，上铺黄色琉璃瓦，下设三层汉白玉台基。太庙始建于明代永乐十八年（1420年），嘉靖、万历和清代顺治年间曾多次重修，乾隆元年（1736年）大修，历时四年之久。乾隆皇帝退位前又将三座大殿及配殿全部扩建。殿宇均为黄色琉璃瓦顶，建筑雄伟壮丽。前殿主要梁柱外包沉香木，其余木构件均为金丝楠木，天花板及柱均贴赤金花，制作精细。太庙虽经清代改建，但其规制和木、石部分大体还保持原构。

6.2.2 曲阜孔庙

山东曲阜是孔子的故里。孔子是春秋战国时代的思想家、教育家、儒家学派的创始人，后来办学，招收弟子，宣传他所创立的儒学，教出了许多有才干、有学识的学生。

曲阜孔庙始建于公元前478年，当时鲁国哀公把孔子生前所居之地立为庙，"岁时奉祀"。那时孔庙仅"庙屋三间"。到了西汉，高祖十二年（公元前195年），刘邦至鲁，第一次用祭天的仪式（太牢）来祭孔子。后来汉武帝刘彻采纳董仲舒之策，"罢黜百家，独尊儒术"，对孔子更为尊崇。历代皇帝又不断给孔子加封谥，如"褒成宣尼公""文宣王""至圣文宣王""大成至圣文宣王""至圣先师""大成至圣先师"等。孔庙的规模也越来越大。从东汉桓帝永兴二年（公元154年）刘志下令修孔庙，至清雍正"发帑金令大臣等督工监修"，孔庙先后被大修15次，中修、小修不计其数。如今孔庙已是一个巨大的建筑群，其中包括三殿一阁、三祠一坛、两庑两堂两斋、十七亭、五十四门等。孔庙四周筑红墙，其占地达21.8公顷。庙内共有九进贯穿在长达1千米的中轴线上。前三进院落为整个庙宇的"引导"，从第四进起为主要建筑区域。由同文门至后寝宫的五进院落，分左中右三路，中轴线上有奎文阁、大成殿等高大建筑。

孔庙大门，两边红墙，上覆黄瓦，门中有六扇大型朱红色木栏，高大的石柱上时有云纹，顶端雕有形象威武的四大天王，正中额书"棂星门"三字。进入第二道圣时门，里面是玉带河，上设三桥。然后过弘道门、大中门、同文门，里面便是高高的奎文阁。八宿之一的奎星主文章，故名"奎文"。此阁建于北宋天禧二年（1018年），于金章宗明昌二年（1191年）重修。阁高23.35米，面阔七间，进深七间，屋顶三重檐，雄伟壮观。

孔庙的主体建筑是大成殿。明代弘治十三年（1500年）殿毁于雷火，后来重建。清雍正二年（1724年）又毁于雷火，后再次重建，直至今。这座建筑仿明代形制，面阔九间，进深五间，高32米，东、西长54米，南、北深34米，屋顶重檐歇山，上盖黄色琉璃瓦，建筑雕梁画栋，金碧辉煌，宏伟壮丽。殿四周有28根石柱，每根高5.7米，正面的10根柱雕有透空蟠龙，十分精美。

6.2.3 明代陵墓

明孝陵坐落在今南京紫金山南麓独龙阜玩珠峰下，明代开国皇帝朱元璋及马皇后葬于此。这座陵墓规模甚大，有下马坊、大金门、神碑、道亭、棂星门、御河桥、孝陵门、具服殿、孝陵殿、明楼等建筑。地面木结构建筑已毁于公元1853年的战火，现存遗址主要有神道、陵园、地宫三部分。

神道即现在的石象路，自东向西，路边依次排列着狮子、獬豸、骆驼、象、麒麟、石马等石兽，都是两立两蹲，共24座。石兽尽端，转向自南向北，为另一组：第一对是华表，上刻云龙浮雕；然后为四对石人，其中两对武将，两对文

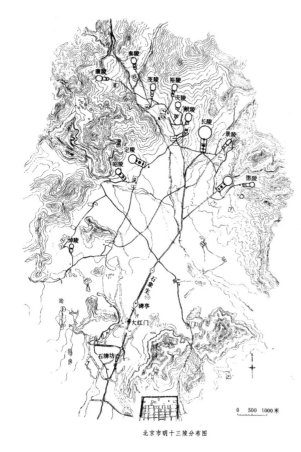

北京市明十三陵分布图

图6-4 北京市明十三陵分布图

臣。神道尽处是棂星门，现存石雕柱础六个。穿过棂星门为御河，上设三座石桥。御河北是长达200米的坡形甬道，红墙黄瓦的孝陵门即在此。入孝陵门，有一座御碑亭，碑上刻有康熙皇帝所题"治隆唐宋"四字，赞美明太祖的文治武功。御碑亭后为孝陵殿，即享殿，今存三间小殿，为光绪二十八年（1902年）在原址中部所建。

享殿后为宝城，中间有隧道，从隧道拾级而上，就是明楼，如今仅墙壁尚存。明楼北就是独龙阜玩珠峰，即明太祖朱元璋和马皇后合葬之墓。明永乐三年（1405年），明成祖朱棣为先皇歌功颂德，立"神功圣德碑"，现称"四方城"。碑亭顶部已毁，碑为南京最大的古碑。

明十三陵位于北京西北郊昌平区。这个陵墓群自公元1409年开始建造，至公元1644年明亡，历经200余年。陵区面积达40余平方千米。十三个明代皇帝的陵墓是：明成祖朱棣的长陵、仁宗朱高炽的献陵、宣宗朱瞻基的景陵、英宗朱祁镇的裕陵、宪宗朱见深的茂陵、孝宗朱祐樘的泰陵、武宗朱厚照的康陵、世宗朱厚熜的永陵、穆宗朱载垕的昭陵、神宗朱翊钧的定陵、光宗朱常洛的庆陵、熹宗朱由校的德陵和思宗朱由检的思陵。这十三座陵墓，不太规则地顺着山河形势，布列于陵区。图6-4是总分布图。其中人们于1956年5月对定陵进行了发掘，其余诸陵均未被发掘。

6.2.4 清代陵墓

清代皇陵分为两大部分：一是关外陵，即永陵、福陵、昭陵，称"盛京三陵"，还有东京陵，合称"关外四陵"；二是关内陵，又分东陵和西陵。

清东陵位于今河北省遵化县西北部马兰峪的昌瑞山，离北京约125千米。这里有清顺治的孝陵、康熙的景陵、乾隆的裕陵、咸丰的定陵、同治的惠陵以及慈安太后（东太后）、慈禧太后（西太后）等的陵墓，还有五座妃园寝、一座公主陵。清东陵是我国仅存规模最宏大、体系最完整的古代帝王后妃陵墓群，其中最大、最辉煌的是乾隆的裕陵和慈安太后、慈禧太后的定东陵。可惜东陵后来被军阀盗墓，毁坏严重。东陵始建时，康熙皇帝遣礼部满汉尚书各一人和钦天监两人，先行拟定方位，然后由工部司官协理工程。当时设计者叫"样式房"，概算、预算的人叫"算房"。如工匠雷发达任"样式房"，叫他"样式雷"；算房姓刘，叫他"算房刘"。东陵开工前由钦天监择定良辰吉日，并祭天地、山神，十分隆重。

孝陵是东陵的主陵，从陵区最南的石牌坊到孝陵宝顶，在这条长约5千米的神道上，排列着大红门、更衣殿、大碑楼、石象生、龙凤门、一孔桥、七孔桥、五孔桥、下马碑、小碑楼、朝房、班房、隆恩门、隆恩殿、琉璃花门、二柱门、明楼、宝顶等。这些建筑由一条宽12米的神道连起来，形成一个整体系列。

大红门是东陵大门，前有牌坊，五间六柱十一楼，上有彩画漆饰，金碧辉煌，十分气派。过大红门，有更衣殿，祭陵时人们在这里要换衣服祭陵，此建筑今已无存。然后是左右排列的十八对石象生，如马、象、麒麟等，还有文臣、武将。裕陵有八对，其他陵五对。非帝陵则不设石象生。神道尽处是大碑楼，建筑重檐飞翘，雄伟壮丽，楼四角设华表。楼正中是圣德神功碑两通，用满汉两种文字铭刻，内容是顺治皇帝的一生功德。

大碑楼后是龙凤门，用彩色琉璃砖瓦为面，拼出龙凤图案，富丽、庄重。在此还有小碑亭、神厨库、三孔桥等。然后是隆恩门，门的东西两侧有茶膳房和果品房，供祭陵时用。另外，此处还有班房、守护人员用房。隆恩门面阔五间，门内则是隆恩殿，这是举行奠基仪式的地方。殿前月台上，中有铜鼎，两边是铜鹿、铜鹤（今均无存）。殿东西均设配殿，其南为焚帛炉，供祭陵时用。

隆恩殿后是琉璃花门。三个门洞均饰彩色琉璃砖瓦。门两旁有宫墙，以示"前朝后寝"，如阳间一样。琉璃花门内是二柱门，门前有台石五供，中有石香炉，炉两边有青石花瓶、蜡烛台等。在这之后是明楼，建筑雄伟高耸，上为重檐歇山顶。楼内竖有石碑，上书庙号陵名，用满汉蒙三种文字写成。楼下是方城，内为宝城（即墓的所在）。城中即坟墓，叫"宝顶"，又叫"独龙阜"。清代皇帝陵寝制，基本上已完全汉化了。

清西陵位于北京以西约120千米的易县永宁山。这里有清代四个皇帝的陵墓，即雍正的泰陵、嘉庆的昌陵、道光的慕陵、光绪的崇陵。

泰陵居永宁山中心，其他诸陵分别置于其旁边。陵前的神道长约2.5千米，沿神道由南向北，分布了许多建筑。神道由三层巨砖铺成，道两边置石象生，形态逼真，诸翁仲衣着纹饰庄重，雕工精美。四周环境肃穆，苍松翠柏，层次分明。神道中还有一座作为"影壁"的小山，其后便是龙凤门，门的建筑形式为四壁三门，壁上有琉璃云龙花卉装饰。神道之北有三孔石桥，象征御河桥。过桥是小碑亭，刻皇帝谥号。小碑亭北是开阔地，然后有平台，两边庑房正中为隆恩门，建筑形式为面阔五间，单檐歇山顶，檐端有斗拱，门内左右各有烧祭文、金银锞、五彩纸帛用的焚帛炉。门之北是院子，有东、西配殿，正面即隆恩殿。

隆恩殿坐落在正面月台上，此殿面阔五间，进深三间，重檐歇山顶，上铺黄色琉璃瓦。殿内梁枋上饰有彩画，枋中心画的是"江山一统"和"普照乾坤"。殿内有三暖阁，供佛像及皇帝皇后牌位。殿后为方城明楼。最后是宝城，内设宝顶（墓之所在）。

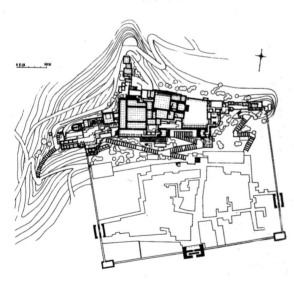

图6-5 布达拉宫总平面图

6.3 佛教建筑
6.3.1 布达拉宫

清代的佛教建筑，大部分为藏传佛教形成。这里主要说拉萨的布达拉宫和承德的外八庙。

布达拉宫位于拉萨市红山上，如图6-5所示。布达拉，意即普陀洛迦。此寺始建于7世纪。文成公主进西藏与松赞干布成婚，松赞干布决定为公主筑一城以夸示后代，于是便在红山上修建990间殿室，与原有的红楼一起，共1000间。东宫门外有宽60米、长1000米的跑马场，十分壮阔。早期的建筑已毁于雷击，但修复后又毁于兵火。今之布达拉宫，于17世纪后陆续重建。如今建筑几乎占满全山。

布达拉宫由四部分组成，山上的白宫、红宫，方城（藏语称"雪"或"雪村"）、龙王潭。

白宫建筑有达赖的宫殿、喇嘛诵经殿和嘎厦政府的部分机构以及僧官学校。达赖的寝宫在白宫最高处的日光殿，殿内又分为经堂、客厅、习经室、卧室等。

红宫建筑有历世达赖的灵塔殿和各类佛堂。达赖的灵塔分塔座、塔瓶、塔顶三部分。达赖的遗体置于塔瓶中。塔身用金箔、珠玉镶嵌，五世达赖灵塔用金达十一万九千余两。

"雪"，包括政府机构、作坊、马厩及碉堡等。

龙王潭为寺院，在其背后有龙王宫等建筑。

布达拉宫是典型的藏族形式的建筑，平顶、窗子自上至下，由实变虚。红宫灵塔殿用汉地传统的歇山顶屋顶，鎏金铜瓦。宫内还有许多细腻精美的壁画，很有宗教文物价值。（图6-6）

图6-6 布达拉宫外景图

6.3.2 外八庙

从清康熙时代起，人们在承德避暑山庄外围建造11座寺庙，其中8座寺庙由朝廷派驻喇嘛。由于这里位于京师之外，故称"外八庙"。此处说其中的两座寺庙。

普陀宗乘，人们又称之为"小布达拉宫"，如图6-7所示。此建筑于清乾隆三十二年（1767年）始建，为乾隆六十大寿（乾隆三十五年）、皇太后八十寿辰（乾隆三十六年）接待国内各少数民族王公贵族而建。外八庙中数它规模最大。普陀宗乘坐落在山坡地上，南低北高，故更令人感到雄伟。山门前有五孔桥，门内建有巨大的碑亭，内有乾隆御笔石碑三通。亭北是五塔门，殿阁楼台前后错落。大红台高达25米，位于17米高的白台上，气势十分宏伟。红台中央有万法归一殿。（图6-8）

普宁寺，建于清乾隆二十年（1755年）。此寺的建筑综合汉藏佛寺形式。中轴线上有门殿、钟鼓楼、碑亭、天王殿、大雄宝殿，此后便为藏式建筑，仿西藏桑耶寺。寺中最主要的建筑是大乘阁（图6-9）。此建筑高达36米余，外观正面六层垂檐。阁内置千手千眼观音木雕贴金立像，为今存木雕佛像之最大者。建筑形态高耸雄伟，汉藏二式掺杂其间，自成一格。

图6-7 外八庙分布图

图6-9 普宁寺大乘阁正立面图

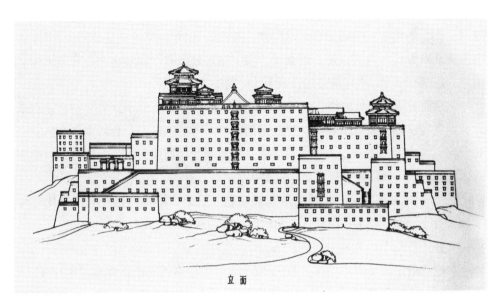

图6-8 普陀宗乘正立面示意图

6.3.3 佛塔

归纳起来，我国的佛塔大体有以下几种。

单层塔：这种塔多为墓塔，有砖构、石构之别。

密檐塔：有空心和实心两种，还有砖构、石构之别。

楼阁式塔：有木、砖、砖木、石、琉璃等种类。

金属塔：用铜、铁等铸造而成。

喇嘛塔：又称"瓶塔"。

金刚宝座塔：仿印度菩提迦耶祖塔形式。

小乘佛塔：形如东南亚诸地佛塔。

塔林：数十上百座塔建在一起，多为墓塔。

下面说一些明清时期所建的佛塔。

北京大正觉寺金刚座宝塔。此塔建于明代成化九年（1473年），是仿古印度菩提迦耶佛祖塔的形式建造的。塔下为金刚宝座（方台），共5层，表面全是佛像雕刻，台上立五座小塔。

图6-10 北京大正觉寺金刚座宝塔

塔内砖砌，外包石。中间主塔十三层檐，高8米。四角四座十一层檐塔，高7米。宝座南北有券门，内有台阶，可登顶。顶上出口处，有一圆形小亭。宝座上中间的塔，还刻有佛足，表示佛迹遍及天下。（图6-10）

北京西黄寺清净化城塔，建于清乾隆四十五年（1780年）。塔下有台，台南北两面各有汉白玉雕成的牌坊一座。南面还有一对石雕辟邪。台四角各有塔式经幢一座，台中间为主塔。主塔由顶部塔身及塔基组合而成。塔为八边形，须弥座八面各有雕刻。须弥座上有"亚"字形塔座，上为覆钵式塔身。

安徽安庆的振风塔。此塔坐落在长江边上的迎江寺内，建于明代隆庆二年（1568年），是一座多层砖塔，八角七层，高72米。塔内共有168级台阶，可达各层。

太原双塔。此塔原名"文宣塔"，位于太原市东南的郝庄。寺称"永祚寺"，故塔又叫"永祚寺塔"。此双塔建于明代万历年间，由僧人佛登所建。这两座塔大小、形式均相同，砖塔，平面八角，13层，高54.7米。塔檐下雕刻斗拱，檐上饰有琉璃脊兽。塔内有台阶可登顶。相传自建此双塔后，太原就出了好多有名的文人，故又称"文笔双塔"。

海宝塔，又名"赫宝塔""黑宝塔""北塔"。此塔位于宁夏回族自治区银川市。据地方志说，其为"汉、晋间物"，十六国之夏"赫连勃勃重修"。今之塔为清代乾隆四十三年（1778年）所修建。塔为砖构，平面十字折角形，楼阁式，共11层，高53.9米。此塔形式独特，造型秀美，线条流畅，轮廓清晰，简洁明快。塔内有木梯可登至九层。

云南景洪市的曼飞龙塔，造型很特别。此塔是塔群形式，由九塔组成。塔基为一米多高的八角形基座，座上最外圈为八个佛龛，中圈为八个小塔，中心为一大塔。这九座塔均为实心，外形如纵立着的一群下部大、向上渐收的一串串葫芦。顶部莲花瓣座上为贴金的喇叭状锥体塔刹和相轮。大塔高16.3米，小塔为8.28米。佛龛方形，龛边有彩色卷云状纹饰，内壁塑数十个小浮雕佛像，中间有汉白玉佛像一尊（今已遗失），塔群造型挺拔。据考古学家研究，此塔群始建于13世纪初，后来曾有多次维修。

6.4 道教和伊斯兰教建筑

6.4.1 武当山道教建筑

　　明清时期的道教建筑，首先要说的是湖北武当山。据统计，这里有32个建筑群体，建筑物总数达两万余间。自湖北省丹江口市净乐宫西行约25千米，至武当山玄岳门，此处为"宫道"，过了玄岳门为"神道"，然后登山，约35千米，便是天柱峰了。在这条线路上，分布着许多古建筑，宫、观、祠、庵、亭、台、池、桥等不计其数。重要的建筑是玉虚宫和紫霄宫。

　　玉虚宫位于武当山北麓的老营。宫内由三城组成，殿宇达2200余间，在武当山诸道教建筑中规模最大，后来屡有圮建。玉虚宫三城为中轴线布局，气势非凡。外乐城居于外，有城门三道，前有拱形宫桥，这些建筑今尚存。紫禁城有六道门，宫门八字形墙，琉璃装饰。门前有碑亭两座。宫内果园，原是当年五百武当道兵的校场。有二碑亭，为明永乐年间所建。里面有玉带河，溪流清澈。再往内是里乐城，城内屋宇众多。中轴线上有前殿、正殿及父母殿，两边配殿，中间配院子。前殿面阔五间，进深三间，正殿立于高台上，也是两边配殿，中间配院子。园中有花坛、鱼池。最后为父母殿，内供真武之父母神像。中轴线旁还有元君殿、小观殿、道院等建筑，还有琉璃香炉两个，秀丽玲珑。

　　紫霄宫建于明永乐十一年（1413年），为武当八大宫观之首。相传当时这里有大小建筑860间，规模相当宏大，建筑布局严谨，层层向上，又与自然山峦相融合，布置得十分妥帖。主体建筑紫霄殿，内供真武大帝像。此殿宇建在三层台基之上，十分宏伟。此建筑为重檐歇山顶，面阔五间。下檐斗拱双抄双下昂七铺作，上檐斗拱三抄双下昂八铺作，做得相当精美。殿内斗拱藻井，做出大小层次，甚为考究。这种建筑形式很规范，在风格上又有某些荆楚特色。紫霄宫最后是供奉真武大帝父母的父母殿。殿后有太子岩，殿内有太子塑像。殿宇皆在青山碧峦环抱之中，景观秀美非凡。

6.4.2 城隍庙

道教作为宗教，无论皇家、文士、平民，信者均为数不少。但民间所信之道教，不太关心教义理论（佛教也一样），有的甚至连道观、寺院、坛庙也分不清楚，他们只求实用，能消灾除病、得福有钱就行。全国各地的城隍爷和城隍庙，就能满足民间的这种要求。城隍和城隍庙大约始于三国时代，但直到唐代，也还只限于江南一带。宋以后大盛，波及全国各地。元明时期，皇帝封城隍为王，修建考究的庙宇供奉。明代时还封官品，如应天、开封等地的城隍为正一品，其他各府封正二品，州城隍为正三品，县城城隍为正四品。每年各府按时按节有活动，初一月半香火不断。

上海有两处城隍庙，今豫园附近人们还叫老城隍庙，城隍庙尚在。位于今连云路的是新城隍庙，现在已消失得无影无踪了。

上海老城隍庙坐落在黄浦区方浜中路。这里最早在元代时是金山神庙，到了清初才变为城隍庙，乾隆年间一度将整座豫园作为庙园。

6.4.3 伊斯兰教建筑

伊斯兰教于7世纪由穆罕默德于阿拉伯半岛创立，与佛教、基督教并称世界三大宗教。其大约于唐代传入我国，被称为"回教"。其建筑叫"清真寺"。此处说两座建筑。

一是位于西安的化觉巷清真寺。此寺为明代洪武二十五年（1392年）所建。由于伊斯兰教要求教徒礼拜时面向西方的麦加圣地，所以寺的方位与一般我国建筑的坐北朝南的传统不同，为坐西朝东。全寺共四进，东西中轴线长达245米，南北宽仅47米。第一、二进为木、石牌坊及甬道两侧的砖造牌龛；第三进庭院中央建有一座楼阁式建筑，叫"省心楼"，也就是一般清真寺的"邦克楼"，它是掌教人招呼信徒礼拜的地方。楼南为水房，是礼拜前"大净"（沐浴）、"小净"（洗手）的地方。经三洞砖门即第四进，为寺的中心院落，通过牌坊、石桥、月台，到礼拜殿，这是全寺的主要建筑。其由三座殿宇拼接而成，平面呈"凸"字形，宽33米，深38米，构成一个面积达1270平方米的室内空间，可以容纳1000余人同时做礼拜。

二是扬州的仙鹤寺。此寺位于扬州市内太平桥，创建于南宋，明初再建，是我国最早的四大伊斯兰教寺院之一。今之建筑多为清中叶以后所建。

寺门在东，进门有前院，折北经走廊，穿过庭院即至礼拜殿之前廊。此殿为寺中的主要建筑，坐西朝东，面阔五间，单檐硬山顶。内部又划分为东、西二部，东部进深三间，西部进深两间；四墙中央有小龛，朝向圣地麦加。殿内又设宣谕台，上建八角亭，藏《古兰经》。南墙辟三门，可通外面的走廊及"明月"半亭，其外为中院，内植花木，院南为掌教人的住所。供教徒礼拜前"大净""小净"之处在寺的东南隅。此寺殿宇均采用我国传统的木构建筑。内部装饰按伊斯兰教的要求，但建筑上仍为斗拱、雀替、抱鼓石等做法。

复习思考题

1.试述自元大都至清北京城的变迁情况。

2.试分析北京故宫中的"前三殿"。

3.从北京故宫论说"左祖右社"的布局。

4.试述清代的三处皇陵：关外四陵、清东陵、清西陵。

5.简单分析拉萨的布达拉宫。

第七章

明清建筑[下]

7.1 民居

7.1.1 北京四合院

北京四合院的形式，其形成的年代很早，可以上溯到先秦。但直到明代，其形式才固定下来。这种住宅形制，无论在应用上、结构布局上，还是在材料的选用上，都已基本定型。当然，北京四合院的种类是很多的，有小型的一进的，也有复杂的多进的，甚至还有几条中轴线并列而多进的。有的大宅往往还有花园。

最典型的北京四合院，如图7-1所示。这种三进的四合院，有一条严整的南北向中轴线。四合院的入口多被布置在东南角上，这完全符合民俗，因为人们对东和南有好感。进门之后，迎面一块影壁，壁上饰有精致的砖雕，影壁在空间上还起到轴线转折的作用。从空间艺术上说，转弯抹角也是一种含蓄的手法。

进入宅内，是一个狭小的院子，南侧有一排朝北的房子，叫"倒座"，这是仆人住的地方，也可供来客过夜，其他则堆放杂物等。小院的北首有一垛墙，正中（宅的中轴线）有一门，装饰华丽，叫垂花门。门内一个大院，即宅的主院。正中之北为主厅，中轴线贯穿其中。然后是后院，北首正中是正房，长辈居住；院子的东西为厢房，晚辈居住。整座宅子外围一般都不开窗，空间内向，也比较幽静。

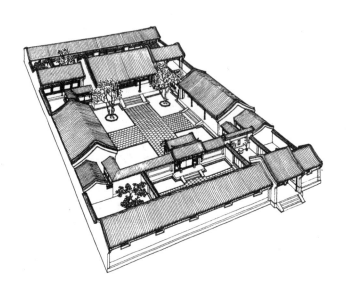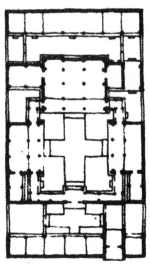

图7-1 北京典型四合院住宅鸟瞰图、平面图

7.1.2 江南水乡民居

　　江南，又称"江东""江左"，指长江三角洲、太湖流域和钱塘江一带，这里称"鱼米之乡"，气候宜人，地势旷奥相间。这里的人文历史也甚发达，可谓钟灵毓秀。江南民居，贵在"水"字，好多民居临河而建。

　　这里举三个例子：一是苏州东北街旧陈宅。这座住宅在苏州算是中等规模，如图7-2所示，南为大路，西有河道，东为邻居，北是小路，开后门可以出入。这座住宅的基本结构其实与北京四合院相似，中轴线布局，分进中轴线。其中西轴为正轴，大门进去是一个院子，正对面是轿厅；转弯入内院为第二进，又是一个大厅；然后是第三进，有东、西披屋小院；后面是最后一进，所以中轴线上有四进。东边有避弄，每进均有门可通避弄，可一直通向后门。这座建筑的西侧临河，西南角有木桥，可谓"小桥、流水、人家"。有些临河民居还有"水后门"，即屋后临水开一个门，外面有踏级可至河，可洗衣、取水，或登舟出入，则更有水乡生活情趣了。

二是苏州吴县（今吴中区）西山东蔡镇蔡宅（图7-3）。这座建筑虽处于村镇，但由于屋主人具有一定的社会地位和文化素质，因此住宅布局仍是比较规整的，中轴线布局，西侧三进，东侧仅一进，自南至北为下房、花厅和厨房。中间两个院子，环境宜人。东西两路之间也有避弄。西路后面两进设楼房，这是前低后高的做法，符合风水之说。

三是今浙江绍兴市仓桥附近的某宅，如图7-4所示。这是一座比较典型的江南临河民居。主楼三间，二层，前有院子，后为"水后门"，有一个似廊的空间，柱间设坐凳栏杆，在此可歇息观景。有踏级可至河，人们可在此淘米、洗菜、洗衣等，但一般饮用水不在此取用。绍兴人饮用水是"天落水"，即将屋面上的雨水集起来，放在几口大缸中，也有的用井水。

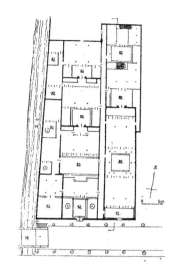

图7-2 苏州东北街旧陈宅平面图

图7-4 绍兴仓桥某宅

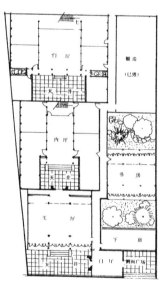

图7-3 苏州吴县（今吴中区）西山东蔡镇蔡宅平面图

7.1.3 皖南民居

皖南，即安徽省长江以南地区，也包括一部分赣东北地区。这里多为丘陵地带，其自然特点就是山川秀丽、风光旖旎。这里的人文特点有二：一是官僚多，封建礼教比较重；二是商贾（即徽商）多。建筑以民居村落见长，村落布局依山傍水，环境清幽。民居宅舍，多为粉墙黛瓦，素雅秀美。皖南建筑在我国古代民居中一向负有盛名。此外，这里受战争破坏少，大的自然灾害也不多，因此至今尚保存许多明清时代的建筑。

皖南民居的平面布局，一般是大门里面一个天井，然后是半敞开的堂屋，左右厢房，堂屋后是楼梯、厨房等；也有的宅舍楼梯设在厢房与正屋之间的空间。上楼一圈走马廊，楼上楼下布局基本相同。这种住宅，天井小而高，有"坐井观天"之感，但天井布置多比较高雅，有石凳、石池、盆栽等。

皖南民居的外形虽比较封闭，但粉墙黛瓦，高低错落，精美秀雅，格调较高。特别是那错落有致的马头山墙，很有韵味，为皖南民居形式的一大特征。

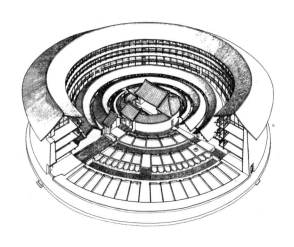

图7-5 闽西南靖县坎下的怀远楼

7.1.4 福建土楼

闽西地区有一些奇特的民居，多为圆环形（也有方形）。一圈房屋，高有三层至四层，内有环形走廊，居住许多户人家，每家占一个至几个开间。圆环中间是圆形的院子，院子正中还有祖堂小屋，可见这是一个聚居家族，居住其中的人们有共同的祖宗。这种民宅，大的直径达70余米。

闽西南靖县坎下的怀远楼，是一座中型的圆形土楼，如图7-5所示。此楼直径近40米，共有四层。这座楼的外环为穿斗式木结构屋，外围用夯土墙，上薄下厚，底层墙厚达1.3米。这四层的用途是：底层为厨房、杂屋，二层是粮仓，三四层是起居室及卧室。环的内侧有廊环通，设有四座楼梯（公用），分别设在东北、西南、东南、西北四处。环内中心设圆形小屋，此为祖堂。祖堂内有半圆形的小天井。祖堂外环墙不开窗。墙外建有披屋，为各家的猪圈、鸡舍等杂屋。全楼仅有一个大门，位于宅南。底层不对外开窗，二层只开小窗洞。顶层在楼梯间位置伸出四个瞭望台，作为防卫之用。整个土楼坚实雄伟，像一座大型的堡垒。

7.1.5 窑洞民居

窑洞民居分布在沿黄河一带，遍及河南、山西、陕西、甘肃等一带。这些地方土层很厚，人们就在这一带挖掘黄土，挖成一个个洞，作为居住的场所。这种窑洞具有结构简单、施工方便的特点。窑洞上厚厚的黄土层，能起到保温、隔热的作用，在窑洞中冬暖夏凉。一般的窑洞宽约3米，深约5米，有的大型窑洞深达20米。这种窑洞分前后室，前室用来做堂屋、厨房，后室为卧室。为了增加使用空间，有的窑洞在壁上再挖龛，设炕床。如果土质比较好，洞还可以被扩大，成为与窑身垂直的支洞。有的一家住两三个窑洞，这就是当地的大户人家了。（图7-6）

有的窑洞土壁很高，人们会在窑洞之上再挖窑洞。这种两层的窑洞被称为"天窑"。天窑与地面之间由坡道或砖梯相连，人们也可以在室内挖洞使上下直通。窑洞式民居虽然建筑形式与其他民居有所不同，但从住宅的空间组合来看，仍为传统民居格局。好多窑洞都有下沉式院子，三面或四面土壁上有洞，其空间关系很像四合院住宅。

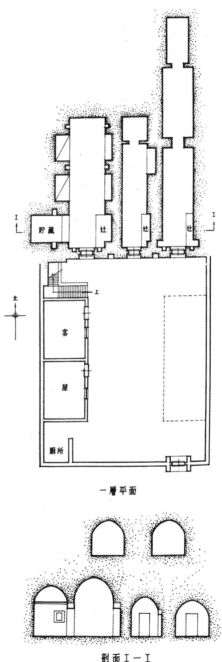

一层平面

剖面Ⅰ-Ⅰ

图7-6 河南范县窑洞住宅平面图、剖面图

7.1.6 四川民居

四川蜀地，由于其地形的关系，民居的形式也就有自己的特点。由于地形有坡度，或平或陡，所以其民居也就分出不同的形式，大体可以分以下六种类型。（图7-7）

一曰"台"。"台"用于坡度比较陡的地方，人们像开凿梯田一样，把坡面一层层地削成水平的面，使其逐层升高，形成一个宽广的平台，并建屋。一台一进屋，多进住宅就用多个这样的台。由此，建筑物便按等高线方向布置，人们一般选择面阳的山坡。川东、川南诸地，这种形式的民居较多。

二曰"挑"。"挑"用于地形偏窄的地方。人们在楼层做挑檐或挑廊，以扩大室内空间。一般说城镇中的住宅，这种形式的较多，特别是沿街的民宅。

三曰"拖"。"拖"用于山坡比较平坦的地方。人们将建筑物按垂直等高线的方向顺坡分级建造。这种做法一般用于民宅中的厢房，屋顶呈阶梯状，也较别致。

四曰"坡"。其实它与"拖"差不多，房屋也按垂直于等高线方向顺坡建造，但坡度比"拖"更平，仅室内地面被分出若干不同的高度，屋面保持连续整体，不分级。

五曰"梭"。这是将房屋的屋顶向后拉长，形成前高后低的坡屋。多用于厢房，可以一间梭下，也可以全部梭下。当厢房平行于等高线时，梭厢地面低于厢房地面，则可以梭下很远。这部分往往只用作堆放杂物、畜养牲口。

六曰"吊"。"吊"即吊脚楼，重庆一带较多。

图7-7 四川马尔康藏族住宅

7.1.7 东北大院

东北的城市民居也像北京四合院，是内向四合院分进布局形式，但在宅的最外面，人们往往建一圈围墙，称其为"火墙"，为防火、防盗、防风雪而设，它的外层就称"外院"。因此我们叫这种住宅为"大院"。

乡村民居又有所不同，图7-8是吉林省扶余市八家张宅平面图。它的内院布局与城市的住宅形式差不多，但是它的外周做法有所不同。从总平面布局来看，南北向较长，东西向较短。内院其实是个三合院，外院仅东西厢房。宅的最后设有粮囤，这是乡村民居的一个特点。院内还可以停放牲口、车辆等。这座住宅的最大特点是外围墙四角建有炮台，似是个"土围子"。当然这种人家是有钱有势的人家。

朝鲜族民居与汉族民居形式相近，其平面布局有对称和不对称两种（农村的多不对称）。东北诸地冬天寒冷，因此宅内多用炕取暖。多数住宅仅为长方形的一条屋，四间或五间，有的带有廊子。屋顶有草顶和瓦顶两种，瓦顶比较考究，屋顶多做成歇山式，比较美观。由于有焚火炕，所以几乎每家宅边都有一个高高的烟囱。

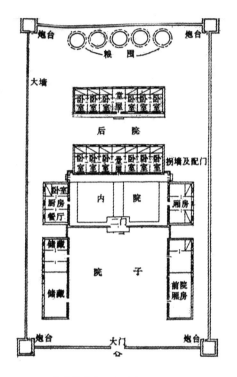

图7-8 吉林扶余市八家张宅平面图

7.1.8 云南民居

云南是多民族的省份，除汉族外，有白族、彝族、哈尼族、壮族、傣族、苗族、傈僳族、拉祜族、景颇族、德昂族、佤族等，称得上是民族大省了。

云南许多民族中，也许要算白族最汉化了。看他们的住宅形式，人们不难领悟这一点。白族民居的形式，可以归纳为两句话："三坊一照壁，四合五天井。"前句说的是三合院加一块照壁，组成一个完整的宅舍，如图7-9；后句说的是四合院式的建筑，共有大小五个天井。白族文化很讲究色彩，他们的服饰，总是色彩鲜艳而又和谐，常用蓝、白、红等色组。这种色组在建筑上也表现出来，白墙、黑瓦、红柱、蓝边，构成鲜艳而又十分和谐的建筑。

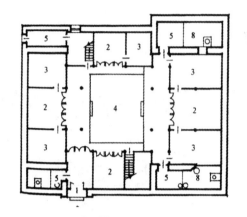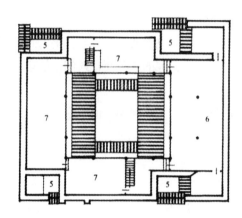

图7-9 云南白族典型民居平面图

彝族位于昆明、楚雄一带,他们的住宅被称为"土掌房"。这种建筑,屋顶用木楞,上铺柴草,再在上面抹泥巴。屋顶近乎平顶。下部的墙壁用木构,其外再用砖墙,用泥灰粉刷。内部空间分前后两部分。前部大门进出,两侧有厢房,其东一般为厨房,西为杂屋,中间是过厅,其上有采光孔。后部为正屋,一般为三开间,中间是堂屋,两边为卧室,还有楼层,楼上多放粮食或其他宜干燥之物。在楼上可以外出至前部一层楼的屋顶,这里是用来晒物的。彝族民居中比较考究的也是瓦房,但其形式与土掌房差不多,只是屋面材料不同。

傣族聚居在云南的西南部,其中以西双版纳地区最为集中。这一带气候炎热且潮湿(属亚热带气候),一年仅有两季:雨季和旱季。雨季大约出现在每年的五月至十月,这段时间几乎天天下雨,因此他们的房子既要防雨又要防潮。

傣族民居因为其自然条件如此,所以一般都做尖尖的屋顶,而且把房子架高成楼(防潮湿),如图7-10。多数的傣族民居在楼上做外廊或平台。这种建筑一般是用竹子做的,所以就被称为傣族竹楼,学名为"干栏式"。据考古学家研究,浙江诸地发掘出来的史前时代的建筑(遗址、遗物)也是这种形式。本书第一章已说到这种建筑形式。

景颇族多集中在云南西部瑞丽一带,其住宅多采用高屋架形式,但屋顶的做法与傣族竹楼不同,他们多用草屋顶。这些地区虽然也是一年两季(雨季和旱季),但因为这里地处高原(平均海拔1500米~2000米),所以气候没有西双版纳来得炎热。有时天很冷,建筑物需要保温。当然,因为这里的生产力和经济条件都比较落后,所以建筑物都较简陋。

透视

图7-10 傣族民居

7.1.9 藏族民居

藏族分布在西藏、青海、甘肃等地，他们的住宅别具一格，大多数的传统藏族民居，其形式多像碉堡，所以被称为"碉房"。这种建筑一般有三到四层，主要房间朝南或东南，平面近乎正方形，外墙做得很厚实。这里雨水相当少，因此屋顶多为平顶。住宅内的房间用途，以四层楼的住宅为例，其底层养牲口和堆放饲料、杂物，二层为厨房、储藏室，三层为卧室，四层设经堂。屋内有小天井贯通楼层，用来采光和通风。底层一般不设窗，只开一些通气孔，二层的窗一般也比较小，三层以上的窗子略大。这种上大下小开窗形式是藏藏建筑的一种特有形式。（图7-11）

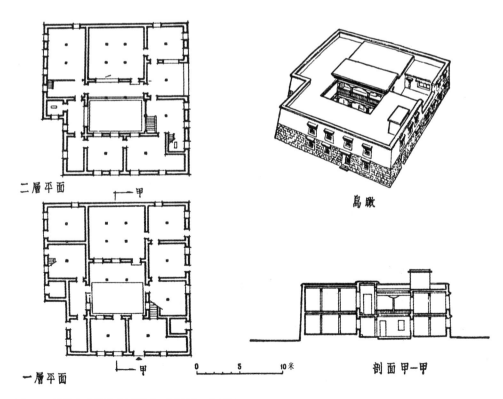

二层平面

鸟瞰

一层平面   剖面甲-甲

0   5   10米

图7-11 拉萨市藏族住宅平面图、剖面图、鸟瞰图

7.1.10 新疆维吾尔族民居

新疆维吾尔族民居有几个特点：一是用很厚的土墙、砖或土拱顶，墙上的门窗用细密花格子做装饰；二是室内一般多用地炕、灶台，土墙上设有拱形的壁龛，用壁毯、地毯做室内装饰；三是宅旁多设晾葡萄干的凉棚，用砖砌出漏空花纹，可以通风；四是因为这里的温差甚大，阳光下很炎热，所以宅前多有院子，院子里植大树，或用凉棚遮阴。（图7-12）

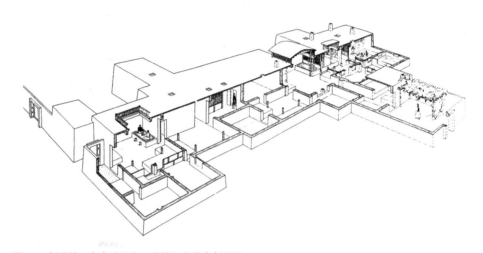

图7-12 新疆维吾尔自治区和田县维吾尔住宅剖视图

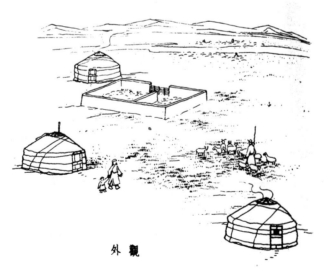

外 观

图7-13 a.蒙古包外观图

7.1.11 蒙古包

　　毡包房，又称"蒙古包"，古人称"穹庐"，是一种圆形的房屋。相传这种建筑形式由来已久。《汉书》中说："匈奴父子同穹庐卧。"《后汉书》中也提道："随水草放牧，居住无常，以穹庐为舍，东开向日。"毡包的形状，好似想象中的天穹宇宙，平面、屋顶都为圆形。具体的做法是先在地面上画一个圈（直径约4米~6米），然后在圆周上立1.3米高的柱子，使之纵横相连，变成一个网状的围护体骨架，骨架可收起来，拆装很方便。骨架的外面则包羊毡，再用骆驼皮条系住，以抗风寒。上面覆盖一个伞形的屋顶，也是装配式的，可以收起来。包的顶端，一般做成正圆形的天孔（即天窗），能采光，可以开闭，也可以作为换气孔、排烟口。

　　图7-13是典型的蒙古包形式。图7-13a是毡包，是用砖砌成的房屋。图7-13b虽说是固定不动的建筑，但其形式仍是仿蒙古包的。这里的气候比较寒冷，所以都要设暖炕，边上有炉灶、烟囱。

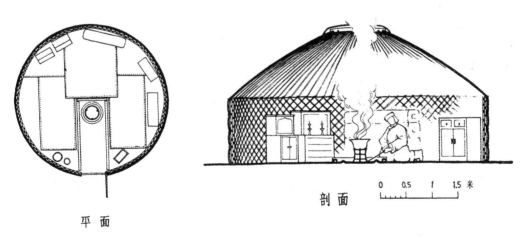

平 面

剖 面

0 0.5 1 1.5 米

图7-13 b.蒙古包平面图、剖面图

7.2 园林

7.2.1 皇家园林

我国的皇家园林，发展到了明清时期，可以说达到了炉火纯青的阶段。从现今存在的明清皇家园林来看，要算北京的颐和园最为典型，而且保存完整。

颐和园位于北京西北郊，这里早在金代时就已是皇帝的行宫。皇家园林"好山园"于明代建成，其中之山叫瓮山，湖叫西湖。清代乾隆年间，皇帝要为母亲做六十大寿，于是就在此大兴土木，在瓮山上建造高达九层的大报恩延寿寺，并将瓮山改名为"万寿山"，又整治、扩大西湖，并改名为"昆明湖"。整座园林之名，则改为"清漪园"。1869年，园被英法联军所毁。光绪十四年（1888年），慈禧太后挪用海军经费修建此园，并改名为"颐和园"。此园规模甚大，面积达290公顷，其中四分之三是水面。陆地包括平地和山峦。主峰万寿山，高60余米。整座园分为四个景区：朝廷宫室，包括东宫门、仁寿殿和一些居住、供应等建筑；万寿山前山；湖区；万寿山后山和后湖。朝廷宫室景区以建筑物为主。主要建筑为仁寿殿，是皇帝处理政事、召见群臣的地方。还有乐寿堂，为皇帝的住处，德和楼是大戏台。另外还有许多建筑，各自成院落。

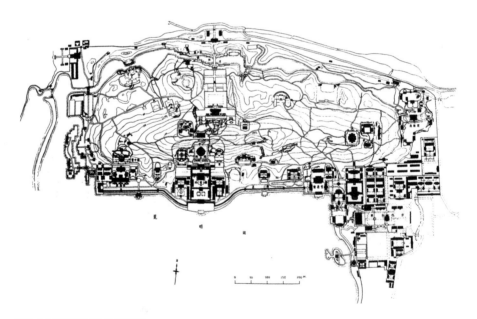

图7-14 颐和园万寿山平面图

　　第二景区是万寿山前山，以万寿山上的最高建筑佛香阁为主，也是全园的主景。以这个建筑为中心，有一条南北向的中轴线，南起湖边的"云辉玉宇"牌楼，向北是排云殿，后面是高台，台上即佛香阁。此阁平面八边形，共四层，顶为攒尖顶。在佛香阁之北是一个藏式寺院"智慧海"，然后便属后山景区。万寿山前山还有一些重要的建筑：一是长廊，廊舫檐柱上有许多彩画。廊全长728米，堪称廊的世界最长者；其次是"画中游"，位于排云殿西之半山腰，在此观景，似置身图画中。石舫，即清宴舫，为中西结合的形式，但有人认为这个建筑有点不伦不类，是一败笔。（图7-14）

　　第三个景区是后山、后湖，包括苏州街、谐趣园等。万寿山后湖对面是苏州街，这里有许多店铺，如茶楼、酒肆、古玩及书斋等，仿苏州特色。乾隆皇帝对江南文化情有独钟。

　　谐趣园是个小园，也是乾隆皇帝酷爱的江南园林之作。这里是皇帝和大臣们的"游乐场"。园仿无锡寄畅园，内有荷池、知春亭、知鱼桥、知春堂、兰亭、涵远堂及澄爽斋等。

　　最后景区为湖区。这里有昆明湖、南湖、西湖，还有西堤六桥、十七孔桥、八角亭、龙王庙等。总的来说，湖区景色疏朗，故全园之景有疏有密，合乎造园手法。

　　位于承德的避暑山庄是清代帝王的行宫，称"热河行宫"。18世纪初，康熙皇帝亲自来此定点规划，于康熙四十二年（1703年）始建，四十七年（1708年）初见规模；后来乾隆时又加建，于乾隆五十五年（1790年）完成。避暑山庄占地564公顷（比颐和园大近一倍）。整座园分宫殿区、湖区、平原区和山区。

　　宫殿区在皇帝居住和处理政务的地方。殿宇廊轩，富丽壮观。山庄周围筑有雉堞宫墙，总长10千米。山庄正门叫丽正门，门内有一组宫殿，殿前还有宫门，上书"避暑山庄"四字。里面是山庄正殿"澹泊敬诚殿"。殿后是"四知书屋"，再往后经王室宗庙"昭房"，便到"烟波致爽殿"，这是皇帝寝宫。

　　避暑山庄最美的是湖区。此区先是"万壑松风殿"。康熙皇帝就在此批阅奏章。再往前为"芝径云堤"一景，仿杭州西湖苏堤风格。湖区的水心榭为湖上架桥，桥上建三亭。湖区还有烟雨楼，为仿浙江嘉兴南湖烟雨楼而建。楼的东边有岛，岛上有如塔似阁的三层建筑，名叫"金山亭"，是仿江苏镇江的金山寺塔。避暑山庄中康熙皇帝题名共36景，后来乾隆皇帝又续题名36景。

7.2.2 私家园林

私家园林，顾名思义就是宅园。明清时代，江南一带私家园林最有名，这些园林多为"文人园"，格调高雅，意涵深邃。私家园林的构园原则，可以归纳为四：一是"小中见大"，并划分景区，每区皆有完整的景，又各有特点；二是"虽由人作，宛自天开"，无论叠山理水都有章法；三是"取起自然，顺其自然"，林木配置自然得体；四是建筑物，其原则是与山石池水林木有机结合，和谐得体。此处举几个园林实例。

一是苏州的拙政园。此园位于今苏州市内的东北，娄门内东北街，建于明代正德年间（1506年～1621年），是御史王献臣的私家花园。此园占地约4公顷，从私家园林来说是个大园了。此园以水面为主，楼台亭榭多临水而建，整个园如同浮于水面之上，有明净、幽逸之感。

拙政园分东、中、西三部分。从现今的园门入，先是东园，然后往西，进入中部，这里是园的主体部分，其中水面占三分之一，建筑多集中在园的南侧，如图7-15。西部景区主要建筑有十八曼陀罗花馆和三十六鸳鸯馆，两馆一前一后合在一屋。另外还有留听阁，此名取意于唐代著名诗人李商隐的诗句"留得残荷听雨声"，池上有荷，意境非凡。还有倒影楼，此楼下面叫"拜文揖沈之斋"，是纪念明代画家文徵明、沈周之意。

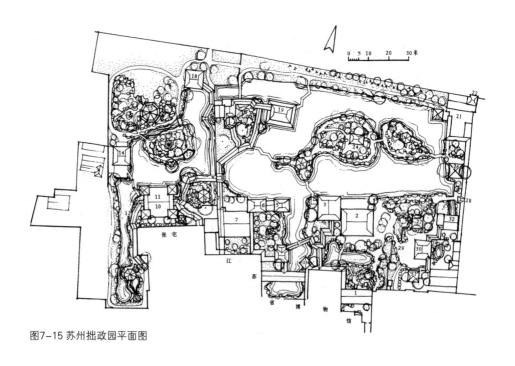

图7-15 苏州拙政园平面图

二是苏州的网师园。此园位于今苏州市内东南的十全街，始建于南宋，于清乾隆时重建。此园不大，但品位甚高。网师园总平面如图7-16所示。从图中可以看出，园与宅形成一体，东宅西园。宅的部分中轴线对称布局，园的部分自由布局。此园占地0.6公顷，分三大部分：东为宅，中部为园的主体部分，西部为内园。中部以大水池为中心，建筑散置于四周，自然得体。大水池之西为"月到风来亭"，亭的东南有一临水而建的水榭"濯缨水阁"。

除了苏州，扬州的私家园林也很有名，其中个园最具有江南私家园林特色。个园的"春、夏、秋、冬"四季假山最引人入胜。扬州的何园也很有名。此园之东有片石山房，其中之假山传为画家石涛所堆。园之西部有主体建筑，七开间，平面似蝴蝶，故称"蝴蝶厅"。此园复道回廊是一大特色，但楼廊上用铸铁花栏杆，似已是近代的形态了。

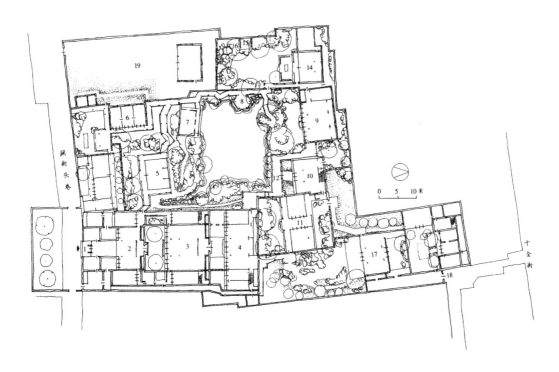

1.大门　2.轿厅　3.万卷堂　4.撷秀楼　5.小山丛桂轩　6.蹈和馆　7.濯缨水阁　8.月到风来亭　9.看松读画轩　10.集虚斋
11.楼上读画楼、楼下五峰书屋　12.竹外一枝轩　13.射鸭廊　14.殿春簃　15.冷泉亭　16.涵碧泉　17.梯云室　18.网师园后门　19.苗圃

图7-16 苏州网师园平面图

再说上海的豫园。此园位于今上海黄浦区老城隍庙边上，始建于明嘉靖三十八年（1559年），至明万历五年（1577年）建成，距今已400余年。豫园主人潘允端，上海人，在明代任四川布政使。为了使父母双亲生活愉悦，便在上海建造园林，并取"豫悦双亲、颐养天年"之意，故名为"豫园"。可惜园未建成，老父潘恩已病逝，后来潘家又日趋败落。至乾隆中叶，豫园已变得荒芜了。后来潘家变卖此园，此园成了城隍庙之庙园。现在我们所见之园，大体是清代乾隆二十五年（1760年）改建后的格局。豫园以布局紧凑，变化多，美而奇著称。全园风格统一，景区分明，又雅俗共赏。

图7-17 上海豫园总平面图

图7-17是豫园之总平面图。从园门入，先是大假山景区，这是全园的"序"。主体建筑是三穗堂。堂后是一个很狭小的空隙，紧接着就是仰山堂。仰山堂有楼，楼上名卷雨楼，大假山高10余米，用浙江武康黄石堆成，具有壮美之感。

第二景区有万花楼、鱼乐榭、两宜轩等建筑。万花楼原名"花神阁"。

第三景区以点春堂为中心，这座建筑宏伟高敞，画栋雕梁。清咸丰年间，这里曾为"小刀会"的指挥部。点春堂对面有和煦堂，临水而建。

第四景区的主体不是建筑，是一块奇石：玉玲珑。这是江南三大名石之一（另外两个为苏州的瑞云峰、杭州的绉云峰）。此石形态奇特，可谓玲珑剔透，符合我国名石之"皱、瘦、透、漏"的美学特征。

最后为内园景区。这里本是城隍庙的庙园，为清康熙年间所建，后来合为豫园。内园中建筑精致，山石、池水、花木布置妥帖，富有江南小园文秀之美。

7.2.3 寺庙园林

这一时期的寺庙园林，大多为以前的园林之修复、改建而成。在这里说几个比较典型的寺庙园林。

苏州的西园，即苏州戒幢律寺中的寺园。此园以放生池为主体，池四周环以亭台厅馆、曲桥回廊，又有林木假山，形成一派秀丽的园景。其中"苏台春满"（四面厅）是主体建筑，池中有六角亭，为西园标志性建筑。

杭州虎跑本有两个寺：虎跑寺和定慧寺。这两个寺一南一北，组合十分巧妙，是我国园林空间的典范。虎跑寺建筑中轴线强烈，共三进，今已为茶室。定慧寺空间变化较多，特别是其西侧，空间很有层次，在寺前院子向西，有廊子等分隔，但视线可渗入里面，一直到山脚下"滴翠轩"及"虎穴"（山崖）。

成都杜甫草堂是纪念唐代诗人杜甫（712年~770年）的纪念性建筑，内有工部祠等建筑，但它最先是草堂寺。杜甫草堂位于成都市西门外浣花溪，是杜甫居住过的地方。草堂以东为草堂寺，为中轴线布局，有山门、天王殿、大雄宝殿、说法堂、藏经楼等。此寺最早建造于南朝，但今之建筑已是晚清之物。

7.3 建筑技术

7.3.1 概说

明清时期为我国历史上的古代晚期。这一时期的建筑，无论在技术上还是在艺术上，都趋向完备，但也就此走向终结，以后再也不可能发展了。

北宋著名匠师李诫编纂的《营造法式》，前面已经说过了，到了清代又有一部重要著作，即清雍正十一年（1733年）所颁布的《工部工程做法则例》。这部书，标志着我国古代建筑走向终结。刘敦桢在《中国古代建筑史》中指出："《工部工程做法则例》进一步予以制度化。建筑的标准化标志着结构体系的高度成熟，但同时也不可避免地使结构僵化。"

7.3.2 清式做法

清代的建筑形式，在著名建筑学家梁思成的《清代营造则例》一书中有详尽的论述。此处择要说一些基本的分类形式。

一是平面。中国建筑的平面是以"间"为单位组合而成的。如一幢建筑，面阔五间，进深四间，这就能大体表述出来它是什么样子了。一座建筑，往往由好

图7-18 住宅平面图、寺观平面图

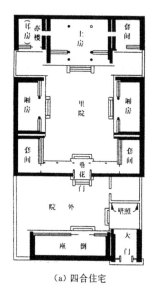

（a）四合住宅

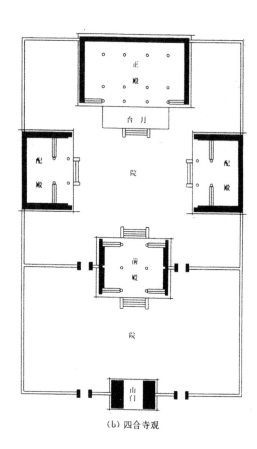

（b）四合寺观

几幢建筑组成，如图7-18，就是该书中的两个例子，一是住宅，另一是寺观，其构成的法则其实是相同的。

二是木作。这是我国古代建筑中的"主角"。木作分"大木""小木"。"大木"是房屋的结构部分，其中包括斗拱、构架等；"小木"则是房屋的细部、零件等。斗拱在我国建筑史上已有数千年的历史了，但各个历史时期又有所不同。图7-19说明斗拱自宋至清的演变，人们从中可以看出斗拱由大变小、由简变繁。但实质上，这是由结构走向表现的转变，斗拱的作用在力学上渐渐变得次要了，而表现（主要是表现建筑的社会地位和美观）变成主要的了。

梁架，举架。举架的意思是梁架的做法，水平方向的单位长度叫"步"，垂直方向的叫"举"。每"步"的长度是相等的，每"举"的高度是不同的。如七架梁，"举"的高度，自檐部到屋脊，分别是"步"的0.5倍、0.7倍、0.9倍。由于各"步"有不同的高度的"举"，所以其屋面不是平面，而是曲面。这种曲面的曲率，宋元时期比较平（当时不叫"举架"，而是叫"举折"），说明建筑构架由实用走向表现。屋顶的坡度陡，建筑的上下部分比例更好看。

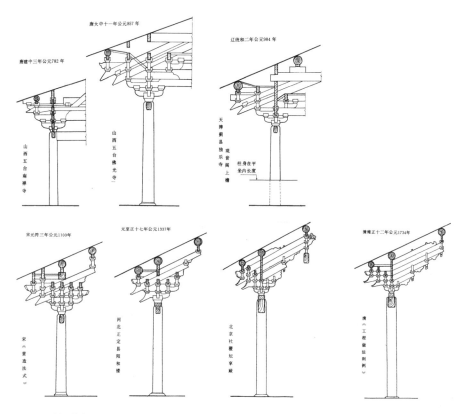

图7-19 斗拱演变图

木构架有各种做法，所谓梁架式（又叫抬梁式），就是整个屋架由边上两根柱子支承，最下面的一根梁叫大梁，大梁上设短柱，短柱上再架梁，上面再设短柱，如此层层向上，直至屋脊。但也有的是顶上为两根短柱，没有屋脊，这就叫"卷棚"，看上去比较轻巧柔美，这种屋顶在园林建筑中多用。至于穿斗式的屋架，可以用小料，但柱子太多，室内空间不能做得很大，多在民间建筑中使用。

"小木"是建筑的细部木构件，包括门、窗、漏窗及许多细部木构件。漏窗有木框的，也有砖、石等的。还有栏杆也是同样。图7-20是几种木栏杆的做法。

图7-20 木栏杆的做法

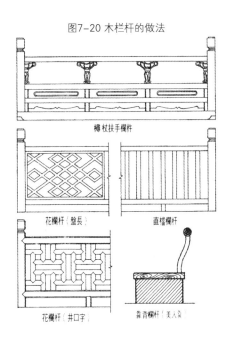

三是瓦作。瓦作包括砖瓦部分的做法。其中屋顶部分做法很有讲究。由于屋顶形式多样（基本形式有硬山、悬山、歇山、庑殿、攒尖等），所以做法甚为复杂。

屋脊顶端的饰物总称为"吻兽"，这种做法一方面是结构技术上的（坚固性），另一方面也是一种意象（精神上的）。我国木构建筑对防火问题很重视，所以除了实际的防火措施外（如做风火墙、凿水池、设避弄等），还要在精神上有所表示。图中的图案为"吻兽"，被置于屋脊两端。这是龙，在龙背上插一把剑，表示降伏蛟龙，使其为人造福，如火灾时喷水灭火。

图7-21是歇山顶的做法，这其实是上面两种做法的组合，上部是硬山的做法，下部是庑殿的做法，但做法更为复杂。

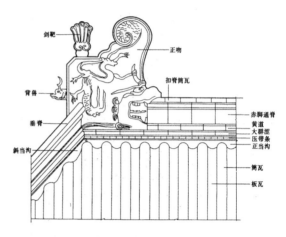

图7-22 庑殿顶做法

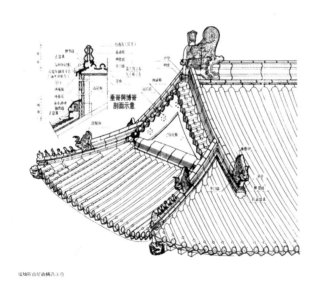

图7-21 歇山顶的做法

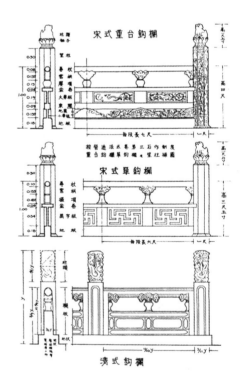

图7-24 石栏杆做法

图7-22是庑殿顶的做法。其实其与屋脊的做法是一样的，就是两端有两条垂脊，有垂兽。垂兽下面有一排狮、马等雕饰，称"走兽"。这些走兽的数量，与房子的等级有关。北京故宫太和殿上的走兽最多，共10个，表示其至高无上。

四是石作。我国古代建筑虽说是以木构为主，但屋顶和墙则用砖瓦，石构件也不少，如台基、栏杆、台阶、铺地以及桥梁、牌坊等，形式多样。此处只说台基、栏杆。

台基是建筑的基础性部分，其构造是四面砌墙，里面填土，上面墁砖面。台基之内，按柱的分位，用砖砌磉墩和栏杆。磉墩是柱的下脚。柱子立在柱顶石上。磉墩与磉墩之间按建筑的面阔和进深砌成与磉墩同高的墙，即"拦土"。有门窗格扇时，拦土即门窗的基墙。人们从室外地面走上台基的构件，称台阶。上设踏级，最下面的一级只是略高出地面，称"砚窝石"。踏级两边用垂带石，此时侧面的三角形称"象眼"。有的台阶三面可上，没有垂带石，这种台阶称"如意式"。

一些重要的建筑用高台基，多做成须弥座形式，如图7-23为清代做法。其细部各个朝代略有不同，往往是越到晚期做得越细腻、丰富。

石栏杆，如图7-24所示。栏杆由栏板和望柱构成。清代勾栏各部分的比例关系，在《工部工程做法则例》中有比较详细的规定。

石栏杆的花纹也有些讲究。如栏板，有两大面一小面，还有净瓶、荷叶、云纹。又如望柱，装饰着重在柱头，一般有莲瓣柱头和云纹柱头，还有龙凤柱头、狮子柱头、石榴柱头等。其他细部做法从略。

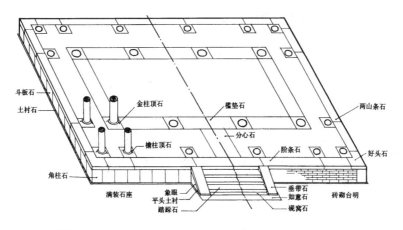

图7-23 须弥座形式

7.3.3 建筑色彩

我国古代建筑很讲究色彩。古代建筑中的色彩艺术法则，可以归纳为以下几点：

第一，我国古代的任何艺术形态，包括色彩艺术，其审美是从伦理纲常为主要准则的。如建筑中的柱子的颜色，必须遵守规范；再如屋顶、墙面等颜色，也都有说法，不能随便乱用。

第二，以民俗文化观念与宗教观念相结合，来确定色彩。如佛教，好多寺院墙面刷成红色或黄色；道教建筑则多用蓝、白、黄色。民居多用白墙黑瓦，素雅秀美，也有的多用灰色，特别是北京胡同、四合院，多为灰色调子。

第三，我国传统建筑色彩，从审美上说是综合性的。其法则比较简单，一是与自然的关系协调，二是伦理意义确切。中国传统色彩的艺术性大多讲究综合的美学效果，例如诗有画意、园林有诗意等。建筑的色彩，也讲究意境，如文人士大夫的建筑，其色调淡雅，有书卷气；宫廷建筑的色调，有皇家气；其他还有脂粉气、俚俗气等。

7.3.4 建筑彩画

我国古代建筑中的彩画是最有代表性的色彩艺术加工，应当视为我国传统建筑艺术中的瑰宝。建筑彩画是在明清时期发展成熟的。下面简略地说一说明清时期的建筑彩画。

（1）

（2）

（3）

图7-25 和玺彩画

先说建筑彩画的材料。彩画材料大体可分矿物质和植物质两种。矿物质材料大体有下述几种：一是银朱，又叫"紫粉霜"，用水银（汞）和石亭脂（经加工的硫磺）制作而成。二是樟丹，又叫"光明丹"，含有氧化铅的成分。三是赭石，又叫"土朱"，用赤铁矿磨成。四是朱，用朱砂研粉加清胶，搅拌、沉淀，上面一层即是。五是石黄，即硫化砷的内层（表层颜色不好看）。六是雄黄、雌黄，黄金石外面一层，雌黄只是色泽比雄黄冷些，成分一样。七是土黄，也从黄金石上提取，色更灰暗。八是佛青，又叫"沙青"，群青色。九是毛蓝，又叫"深蓝靛"，比佛青暗。十是洋绿，又叫"鸡牌绿"，海外进口颜料。十一是石绿，出自铅矿。十二是铅粉，又名"胡粉""宫粉"。十三是锌白，即氧化锌，多于油漆混用，以减低透明度。十四是黑石脂，又叫"石墨"。

植物质颜料有下述几种：一是藤黄，即海藤树的树皮中的黄色胶质，有剧毒。二是胭脂，多用红花、茜草根的汁，又称"紫粉"。三是墨，即写字、绘画用的墨，分松烟、油烟、漆烟等几种。

下面介绍一些典型的彩画形式。

和玺彩画。这是清代彩画中等级最高的一种。图7-25中用折线形画出皮条圭线、藻头圭线及岔口线。若枋心藻头绘龙者，叫"金龙和玺"；绘龙凤者叫"龙凤和玺"。也有画草饰的，则又叫龙草和玺、楞草和玺、莲草和玺等，图7-26中画的是龙草和玺中的一个局部。北京故宫前三殿（太和殿、中和殿、保和殿）中，大多数都是金龙和玺；后三殿（乾清宫、交泰殿、坤宁宫）和天坛祈年殿等

图7-26 "龙草和玺"局部

多为龙凤和玺。午门上画的是楞草和玺。天安门上画的是莲草和玺。

和玺彩画可随形而变,图7-27是柱头(展开)。

旋子彩画。其因花纹多旋纹而得名,可分金线大点金、石碾玉、墨线大点金、金线小点金、墨线小点金、雅伍墨等。图7-28是一个典型的旋子彩画实例。

旋子彩画用于梁枋处较多。其做法是,梁枋的全长除付箍头外,分为三等分(叫"三停"),中间一段为枋心,左右两头叫箍头,里面靠近枋心者叫藻头。也有在箍头里面量出木枋子的宽度、面积,再画条箍头线,两箍头之间画一个圆形的边框,叫"软盒子"。盒四角叫"岔角",如两条箍头之间画斜交叉十字线,十字线四周各画半个栀花,叫"死盒子"。盒子还有整、破之分,中间画一整枝花,则为"整盒子",斜交叉十字线者叫"破盒子",其做法是"整青破绿",如图7-29。旋子彩画用得最多的地方是在枋端,画法很多样。图7-30是三

图7-27 柱头彩画形状

图7-28 旋子彩画

个实例，上面的叫"勾丝咬"，下面的叫"喜相逢"，其原则是以藻头面积大小而定；其长度以枋的长度而变，可分作三份，其原则是以枋子的长度（长与高之比）而定。

苏式彩画。这种彩画起于南宋时的苏州，当时南宋建都临安（今杭州），苏州匠人为南宋宫殿进行室内外装修，至元、明、清诸朝，又为北京宫廷所用。苏式彩画的特点是格调高雅，富贵华丽，但又具有一定的江南文化气质，文雅秀美，所以更为皇家喜欢。苏式彩画与和玺彩画、旋子彩画都不同，其内涵更丰富，其形象更加具体而真实，如花卉、风景乃至人物等。

苏式彩画与和玺彩画、旋子彩画的又一不同是在枋心，它以檩、垫、枋三者合为一组，中间结合起来为一个图案，叫"包袱"，见图7-31。苏式彩画又分金琢墨苏画、金线苏画、黄线苏画、海鳗苏画、和玺加苏画、金线大点金加苏画等。

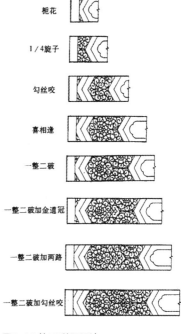

图7-30 旋子彩画画法

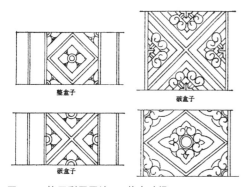

图7-29 旋子彩画画法——整青破绿

图7-31 苏式彩画

复习思考题

1.试述北京四合院民居的平面布局。

2.试述皖南民居的人文特点。

3.试述云南傣族民居的基本形式及其形成的原因。

4.我国园林有哪三种类型？每种各举两例。

5.阐述苏州拙政园的基本布局。

第八章

近代建筑

8.1 古代的终结和近代的发端

8.1.1 概说

19世纪中叶的鸦片战争，敲开了中国古代闭关自守的大门，然后便是许多不平等条约，赔款、割地、设租界，可谓丧权辱国。中国近代史，充满着辛酸和愤懑。这一切，都在当时的许多畸形的城市和建筑中表现了出来。我国古代的城市，几千年来，其格局变化不大。鸦片战争后，我国才渐渐地具有近代城市的性质和特征。1842年《南京条约》中规定，开放广州、福州、厦门、宁波、上海为对外通商口岸。这些城市，最先从古代格局走向近代格局。

对于19世纪下半叶的中国来说，工业建筑是个新颖的门类，我国古代有手工业，其建筑叫"作坊"，但实际上只是空间开敞些，从建筑本身来说，与民居、官殿等亦无多大不同，都是木构建筑形式。所谓工业建筑，指的是近代由西方带进来的建筑形式，它们的形式就完全不同了。因制造工艺的不同，就要求有不同的厂房形式。当时的一些大城市，特别是几个沿海的开放城市，如上海、天津、青岛、广州等，这种工业建筑渐渐多起来了。晚清时有"洋务运动"，提倡要像西方列强那样，有发达的工业。当时如汉阳兵工厂、上海江南制造局、天津机器局以及诸多的轻重工业的工厂先后兴建起来。

与此同时，教育系统也起了很大的变化，清光绪三十一年（1905年），科举制被废除，大兴洋学，于是学校便如雨后春笋般地兴建起来了。早期的学校有：上海徐汇公学，始办于1849年；交通大学，始建于1896年；上海格致中学，创办于1876年；复旦大学，创建于1905年。

医院也是个新兴的医疗机构，上海有广慈医院、公济医院，北京有协和医学院等。各种新的门类、新的建筑形式，可谓不胜枚举。

早在18世纪，就有西方宗教传入我国，于是建造教堂。如北京蚕池口旧北堂，在18世纪初就建造了。后来如上海徐家汇天主堂、广州的石室等等，不胜枚举。

这一时期的建筑形式，也发生了很大的变化。西方的十八、十九世纪的建筑形式，古典主义、巴洛克、洛可可及其他种种的建筑形式，也在当时的中国出现。与此同时，中国复古思想继续存在，一些比较重要的建筑，用"大屋顶""须弥座"形式表现出强烈的国粹意识，如武汉大学校舍、北京协和医学院、上海圣约翰大学、南京金陵大学、上海旧市政府、广州中山纪念堂等等。这种"民族形式"的建筑直到新中国成立后仍屡有出现。当然，这是一种探索（除此以外还有全盘西化的探索、中西结合的探索）。

图8-1 上海徐家汇天主教堂

8.1.2 19世纪末以前的中国建筑

从19世纪中叶到末叶的这半个世纪里，中国的城市和建筑发生了巨大的变化。这一时期的变化主要表现在一些通商口岸、一些居留地（租界）成了城市的"新区"。这些"新区"出现了早期的外国领事馆、洋行、银行、商店、工厂、仓库、教堂、饭店、公寓、花园洋房和游乐场所等。这些建筑在形式上多为一二层的砖木结构，其风格多为"殖民地式"或西方古典式。也有一些是西方古代建筑风格的，罗马风、哥特式或巴洛克式，如教堂。上海徐家汇天主教堂是哥特式的（图8-1），董家渡天主堂倾向于巴洛克式，佘山天主堂是罗马风格的。

19世纪末以前，这些西式建筑在数量上还是很有限的，规模也不甚大。但这是一个突破，由于这些建筑在中国出现，西式建筑在20

世纪初才大规模发展，特别是在沿海的天津、青岛、上海、厦门、广州等城市。

8.1.3 20世纪初的中国建筑

这一时期，租界里的建筑活动甚为活跃。工厂、银行、车站等，新的建筑类型迅速发展，建筑的形式和规模发生了很大的变化，新的建筑设计水平也迅速提高。

这一时期，新类型的建筑大大丰富了，居住建筑、公共建筑、工业建筑的主要类型已大体齐备，水泥、玻璃、机制砖瓦等建筑材料的生产能力有了初步发展，近代建筑工人队伍也迅速壮大，施工技术和工程结构也有较大提高。这些事实表现出我国近现代建筑已形成了体系。当然，这些都是对近代西方建筑的模仿，从建筑形式来说，也只是对西方建筑的模仿。

8.1.4 20世纪中叶的建筑

所谓20世纪中叶，大体是指20世纪二三十年代，从北伐战争结束到抗日战争爆发前这短短的十年左右的时间，这一时期是近代中国建筑活动繁荣发展的时期。这一时期，上海、天津以及各省会城市都得到了较大的发展，特别是租界里的建设，取得了很大的发展。上海、天津、广州、汉口等地新建了一批近代水平较高的高楼大厦，如在上海，这一时期出现了近30座10层以上的建筑。

20世纪20年代末，政府分别制定了《首都计划》（南京）及《上海市中心区域计划》，建造起一批行政办公、文化体育和居住建筑。

从20世纪20年代末开始，我国在国外留学的学建筑的学生陆续回国，在上海、天津等地相继成立建筑事务所，进行了活跃的设计活动。最典型的是1929年中山陵的建成，这标志着我国建筑师规划设计的大型建筑组群的诞生。1927年至1928年，中央大学、东北大学、北平大学艺术学院相继开办建筑系；1927年，上海市建筑师学会成立。

这一时期，建筑思潮十分活跃，在建筑创作上可谓百花齐放，有西方古典式的（如新古典主义、巴洛克、折中主义等），有新派的（如装饰主义、现代主义等），也有民族形式的（后来被称为"大屋顶建筑"）等。

8.2 城市的变革

8.2.1 概说

1842年，《南京条约》规定，开放五个沿海城市，即"五口通商"，广州、福州、厦门、宁波、上海为通商口岸。此处以上海为例，介绍一下当时的建筑活动。

上海在古代只是一座小镇（华亭镇），直到13世纪末才设县，县城的范围就是如今的中华路、人民路（环路）以内这块地方。鸦片战争后，1843年签订了《五口通商附粘善后条款》，宣布上海于11月17日正式开埠。1844年，中国又与美国签订了《中美五口贸易章程》（即《望厦条约》），与法国签订了《中法五口贸易条约》（即《黄埔条约》）"善后条款"。条款划定，东以黄浦江为界，北以李家庄为界，南以杨泾浜（后改名"洋泾浜"）为界，西以一片荒地划界为英国人居留地（租界）范围。1845年11月29日，上海地方官与英国驻上海领事签订了《上海土地章程》，正式确定租界范围。从这以后，法租界、美租界等也相继而起。上海的地皮就这样被一块块地划出去了。

8.3 居住建筑

8.3.1 居住建筑的类型

我国古代的居住建筑有两种分类方法：一是以地域来分类，如第七章第一节所说的；二是以家族结构及规模来分，有大家族、小家族等。到了近代，我国的居住建筑类型就完全不是如此来分类了，而是以经济和社会职业层面为主要分类依据。大体来说，上海近代居住建筑类型，从棚户、多家合住的大杂院、老式里弄住宅、新式里弄住宅、花园式里弄住宅、公寓，一直到独立式别墅等，形式甚多。这种住宅分类，其主要的依据是经济和职业上的原因（其他近代城市住宅分类情况也一样，只是上海的更为典型）。

8.3.2 低层次的居住建筑

我国近代，低层次的居住建筑，就像滑稽戏《七十二家房客》和电影《乌鸦与麻雀》等作品中的一样。剧中的一些穷苦人家挤在狭小、阴暗、破旧的空间里。他们的经济条件差，职业也多半是下等的，如拉黄包车、剃头、卖报、卖赤豆粥、清道夫之类。他们的居住条件最差（当然如叫花子、拾荒者之类更惨，住"棚户""滚地龙"等，甚至无家可归，夜间睡在有廊的人行道上，如上海金陵东路等地）。

8.3.3 里弄住宅

上海近代居住形态，数量最多、社会文化能量又大的，也许要算里弄住宅了。住这种房子的人，经济和职业情况比较复杂，但从上海社会结构整体来说，大致可以归纳为社会中层。住里弄房子的人，多为小业主、小资本家、教员、公司职员、医生及其他自由职业者。至于近代上海工厂中的大量工人，他们往往是这些里弄家庭中的一个成员。当然，还有许多工人是属社会底层的，他们住的多是大杂院，甚至棚户。

上海里弄家庭的居住条件，首先是要满足居住的空间容量。近代社会的家庭，已摆脱了古代的大家族系统，所以这些家庭多为两代人，至多三代人。他们要求有两至三间卧室。有的家庭，孩子在读中、小学，给孩子住一间小房间，即"亭子间"，是最合宜的。有的家中雇一个用人，也多住这种"亭子间"。其次，还要满足由职业、习俗所引出的要求。这些家庭多是家中男主人工作，妇人在家操持家务。男主人有好多同事、朋友、客户等，他们多半也是同样的社会身

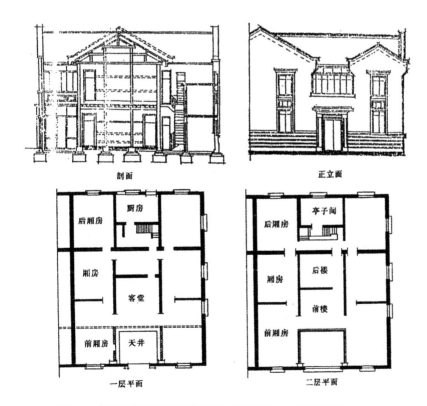

剖面　　　　　　　　　　　　正立面

一层平面　　　　　　　　　　二层平面

图8-2 上海厦门路尊德里某宅剖面图、正立面图、一二层平面图

份和文化层次，因此楼下宜有一间客堂提供他们活动。同时，这些人的社会文化背景多为"中西共融"，所以客堂间的空间形式也可中可西。若欲中式，则置八仙桌、茶几、椅子之类，这是比较高雅大方的传统布置，加上壁面上设"屏、画、字、对"，也属于传统的厅堂文化氛围。如欲西式，则置沙发、茶几、写字台、圆桌、转椅之类，壁面上当然挂油画、水彩画等，形成一个西式空间氛围。图8-2是上海厦门路尊德里某宅。

8.3.4 花园式里弄住宅

花园式里弄住宅比一般的里弄住宅高档。例如上海的凡尔登花园（即今长乐新村），位于陕西南路长乐路，建于1925年，占地约2公顷，建筑形式为联立式，每家一开间，建筑坐北朝南，宅前是庭院，可植树种花。建筑为上下两层，北面入口，有小过厅与凹廊，接着是厨房和餐厅。再前面便是起居室，房间宽敞明朗，与室外庭院之间有一个廊式的过渡空间。二层南面是大卧室，前部有阳台；后面是小卧室和卫生间。楼梯设计得很巧妙，主楼梯设在起居室，沿墙做"L"形上楼，其下部为厨房内的小贮藏室，上部空间则是卧室内的小贮藏室。所有空间几乎都利用上了。用人有辅助楼梯，设在厨房内。利用空间内高度将厨房地面降低，同时将二层的卫生间楼面升高，形成厨房上部夹层，则后面为三层楼。（图8-3）

图8-3 上海凡尔登花园（今长乐新村）

天津也有花园式里弄住宅，比较典型的是桂林里，这个里弄建于1941年，占地1072公顷，共有29个居住单元。其采用的"品"字形布局，前后错列，使房子紧凑，又能得到比较良好的日照、通风等条件。住宅以双联式为主，单体以过厅为房间组合之枢纽，边上为起居室、餐厅等，卧室在楼上。顶层设平台，外形显得比较"摩登"。

8.3.5 高层公寓

在我国的近代居住建筑中，高层公寓也许是上海特有的一种居住建筑形式。此处列举几例。

一是峻岭公寓。此建筑位于今淮海中路茂名南路，以前叫"格罗斯凡纳公寓"，新中国成立后称"锦江饭店中楼"。这座建筑建于1934年。建筑外形仿英国近代高层建筑，形式简洁，以垂直线为主调，有高耸感。外墙贴棕色面砖，暖色调，和谐得体。此建筑的平面略呈弧形，建筑体量较大，中轴线对称布局，中间高，两侧低。中间十八层，向两侧渐降低，分别为十六、十五、十四、十三层，呈台阶式，造型稳定。其平面布置为，底层除入口外，全部作为储藏室等辅助性房间，二层以上为公寓式房间。公寓部分分若干部，每部有大小八间，分成两套。每套的间数不等，有三间、五间一套的，有四间一套的，也有两间、六间一套的。各部均成一个独立的体系，有专用电梯。整座楼共77套房间，六部电梯。

二是毕卡地公寓。此建筑如今为"衡山宾馆"，位于衡山路、建国西路、宛平路、广元路的交叉口。实际上这里是一组建筑，除了主体建筑毕卡地公寓外，沿衡山路对面有一幢七层-九层-七层的"凯文公寓"和沿建国西路的一幢五层公寓。（图8-4）

毕卡地公寓建于1934年，为法商万国储蓄会的产业。这是一座高层公寓，主楼十五层，对称布局，东西两边为十三、十二、十、九层，逐层递减。此楼以简洁、高直为主要特征，属现代主义。此建筑的主入口在中轴线正中。原公寓有88套住宅，其户型有二室至五室共四种。宅中设有起居室、卧室、浴厕、储藏室、餐室、备餐室、厨房等。其于20世纪60年代被改为旅馆，客房有单间、套间、特套间等，共210间、390床。二楼设有接待外宾的专用餐厅——松鹤厅，还有对外营业的餐厅——百花厅。大楼内有五组电梯。大楼前面有一块三角形绿地，再前面就是六条马路的交汇处。

三是百老汇大厦（今称上海大厦），位于上海外白渡桥北堍。此建筑建成于1934年，建筑面积近25000平方米，高22层，总高78米余。建筑外墙用泰山砖

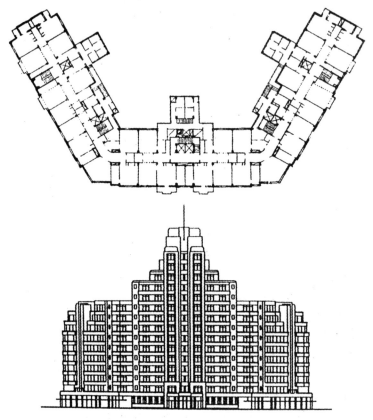

图8-4 上海毕卡地公寓（今衡山宾馆）平面图、立面图

贴面，底层外墙面用暗红色花岗石。建筑外形端庄，轮廓线处理得当，主次分明，是上海近代高层建筑造型处理得较成功的一座。

8.3.6 独立式别墅

我国近代所建造的最高档的住宅，要算独立式的别墅了。这种住宅也是上海最多，不但数量多，种类也多。英国的、美国的、法国的、西班牙的、荷兰的、挪威的、意大利的以及日本的、印度的，还有当时流行的现代派等，应有尽有。所谓"万国建筑博览会"，在上海的许多住宅形式上，也表现得最为淋漓尽致了。此处说几座建筑。

哈同路吴宅。此建筑位于哈同路（今铜仁路）爱文义路（今北京西路），建成于1937年，见图8-5。这座建筑很考究，外墙贴绿色面砖，钢筋混凝土结构，建筑共四层，建筑面积达2000余平方米。这座建筑内容繁多，装饰豪华，设施齐全，当时称得上是上海滩最豪华的现代住宅之一。建筑物内部除了设有大小起居室、客厅、餐厅、日光室、主人卧室、子女卧室、梳妆间、浴室、箱子间、中菜和西菜厨房、备餐间、账房、保险库、仆人用房、洗衣房、门房、车库外，在底层还专门设有宴会厅、舞厅、弹子房、酒吧间，在顶层设有棋牌室、花鸟房等。屋主人的太太笃信佛教，所以在宅内设有佛堂。佛堂内有供桌、神座及彩画藻井等。

整座建筑布局紧贴北京西路建筑红线，因此在住宅的南面留出大片的花园用地。这座建筑形式简洁，有光洁的墙面和大片玻璃窗。建筑师还利用逐层向上内收的露台，使建筑像一艘船（露台相当于"甲板"），使建筑风格别具一格。

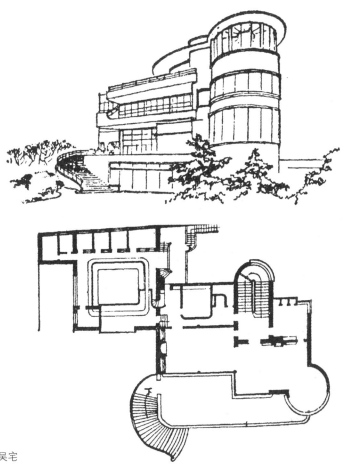

图8-5 哈同路吴宅

马勒住宅。此建筑位于今陕西南路延安中路附近，是一座形式十分古怪的别墅。这座建筑的前面是一大片草坪，草坪上有一座马的雕像，此像下面埋葬着主人赖以发迹的那匹马的尸体。这座建筑连同这些环境，也表现出这位"冒险家"依靠跑马赌博发财时踌躇满志的情景。

这座建筑具有北欧挪威式的建筑风格，屋顶呈直立式尖塔，这是北欧建筑的典型形式（图8-6）。屋顶覆盖琉璃瓦，楼房四周是土红色的围墙，上面镶嵌有白色大理石，上刻有"马墓""狗坟"等字样。楼内空间像童话里的迷宫，处处是转弯抹角的楼梯。房子不算太大，但有106间。同一层楼面的各个房间，几乎都要经过楼梯才能相通，这是建筑师有意设计的迷宫式布局。这座建筑，从内部到外形都非常奇特，被称为上海"最古怪的房子"。

图8-6 上海马勒别墅外观

上海西郊的沙逊别墅。此建筑坐落在上海虹桥路程家桥东，如今为虹桥路2300号。此建筑从前叫"罗别根别墅"（这里有罗别根路，即今之哈密路）。这座建筑占地约7公顷，建筑形式为北欧乡村式。屋顶较陡，木结构外露，很有人情味。

马立斯别墅。此建筑位于今上海瑞金一路复兴中路，建于1917年，如今是瑞金宾馆一号楼，建筑面积1335平方米。建筑形式近乎英国古典式，用坡度较陡的红瓦屋顶，山墙处也露出木构架，很有人情味。这座别墅分主楼和副楼，平面呈"L"形，均为两层。主楼底层中间三间，屋前设双柱廊，外墙为红砖清水墙，转角处做出水泥角柱形式，属英国古典式别墅形式。室内装修精美，餐厅、客厅、卧室等主要房间均用大理石地面，有柚木护壁。屋前有很大的英国式花园，有林木、草坪、花卉点缀其间，还有雕像，人与自然在此有很和谐的境界。

孙中山在上海的寓所，位于莫里哀路39号（今香山路7号）。此建筑建于1910年。这是一座两层楼的花园洋房，是加拿大归国华侨许崇智从沪上开设工厂的股本中抽出钱买下赠送给孙中山夫妇的。孙中山初迁居于此。这是一座乡村别墅式的建筑，楼前是一片正方形的草地，三面植树，一面对建筑。屋内楼下是客厅和餐厅，楼上是书房、卧室和内阳台。室内陈设是1956年宋庆龄按当时的原样布置的，绝大部分是原物。

宋庆龄故居位于林森中路（今淮海中路）1843号。这座房子建于1920年，曾多次易主，1948年归属于宋庆龄。这座建筑为两层，假三层，砖木结构，占地4000余平方米，建筑面积700余平方米。平面呈长方形，楼前有门廊，里面是个小门厅，门厅壁上置两面正衣镜。客厅里有壁炉。客厅内有拉门，通至餐厅。客厅东边是藏书室，有中、英、法、俄等多种文字的书籍，数量甚多。

上海西郊的姚宅，位于淮阴路，建造于1946年，是一座十分豪华的别墅。其占地约7公顷，总体设计按地形起伏组织布局，全部场地均做园艺布置，铺植草坪。房屋平面为套间布置，走廊极少；立面上采用不同的层高将主屋各部分开。这座别墅具有与自然接近的设计安排，如起居室的平顶，可以滑动敞开，可将室外绿地景观引入室内。别墅中还设游泳池，这在当时算是豪华至极了。从建筑风格来说这座建筑倾向于美国建筑师赖特的现代主义有机建筑。建筑造型倾向于空间和体块。建筑材料倾向于自然，墙面多用天然石料及木材等。室内室外，绿化甚丰富，将山石池水置于室内，似将人工与自然融为一体。

除了上海，其他一些沿海城市的近代别墅也较多，如青岛、厦门、广州、天津等地。这里说一些天津的近代知名人士的小住宅。

孙传芳的住宅，位于天津市泰安道15号，建于1922年，建筑面积3500平方米。这是一座两层的殖民地式建筑，砖木结构，有希腊柱廊，楼上有统长的阳台。内有主卧室、次卧室、大小客厅、餐厅、厨房、浴厕、贮藏室、儿童用房、办公室等。此建筑有主楼和配楼，配楼内住佣人和护卫人员，还有车库等。室外场地也很大，林木花草甚茂。孙传芳本来在江浙一带，1927年被北伐军战败后迁至天津居住。此建筑现为天津市计划生育委员会所用，保存基本完好。

梁启超住宅，名叫"饮冰室"，即今天津市民族路44号"梁启超故居"。辛亥革命后梁启超从日本回国，在天津意大利租界四马路选购一块地，设计人为意大利建筑师白罗尼奥，建筑风格当然也为意大利式。此建筑建于1924年，两层，外形浅灰色，正面有三开间的罗马式圆拱柱廊，建筑面积约900平方米。底层部分为书斋、客厅、游艺室、资料室等，二层部分为卧室、休息室。楼前是花园，中间有一大花坛，有甬道围绕，南北两侧植藤萝，又以透空而素雅的花墙相衬，更觉秀美雅致，同时还体现出意大利文艺复兴的某种文化气质。

8.4 公共建筑（上）

8.4.1 市政建筑和办公楼

我国古代的政府机构，除了皇宫以外，就是各地的州府衙门、县衙之类。从近代开始，这些地方便改为市政建筑。以上海为例，有市政府大楼、工部局、公董局、提篮桥监狱、菜场、江海关、电力公司、消防大楼等。

图8-7 旧上海政府大楼外观

旧上海政府大楼。此建筑建成于1933年。这是一座具有现代功能和民族形式的建筑。这座建筑规模宏大，整座楼南北朝向，东西长76米，南北宽23米，两边18.8米。中间主体部分的屋顶略高，用单檐歇山式，两翼屋顶比中间的略低，庑殿式。屋顶之间交接自然。建筑的基座、主体、屋顶，套用西方古典主义"三段式"做法，但由于它是坡顶，所以三者之比（自下而上）为1：3：3，看上去比较匀称。特别是底层（作为基座）向外伸展，伸出的部分顶上是走道，边上设栏杆，形成十分稳健的形态，合乎中国古代传统基座的做法。（图8-7）

工部局。工部局不仅仅是管理建筑和市政工程的机构，而且更是当时公共租界中最高的行政机构。其实工部局应是"行政委员会"（Municipal Council），它的上层是董事会。开始时董事会都是外国人，1926年后也有中国董事。董事下设总裁主持总办间事务，总办间下设商团、警务处、火政处、卫生处、工务处、学务处、财政处、图书馆、音乐处、情报处、华人处等办事机构和事业单位。警务处下有总巡捕房和分区捕房。

工部局大楼位于今江西中路西侧，汉口路与福州路之间，属汉口路193—223号，建于1919年，今为劳动局、民政局。建筑为钢筋混凝土框架结构，初为三层，局部四层，后来均加至四层。主入口在大楼的东北角（汉口路江西中路转角处）。大楼外墙面用石材，二三层之间有爱奥尼式柱，倚墙而立，二层窗楣上有弧形装饰、三角形山花装饰等，整座建筑风格统一，属新古典主义与巴洛克的混合。

公董局。上海法租界公董局大楼位于今金陵东路174号。公董局今为黄浦区公安局。此楼最早建于1865年。1928年，大楼内因基础问题而使建筑歪斜，成了危房，于是公董局迁至霞飞路（今淮海中路）的一幢建筑内。金陵东路174号的建筑于1929年改建，高10层，其形式为现代派高层建筑。此建筑外立面上几乎没有一条曲线，均用水平线和垂直线构成，中间部分以垂直线条为主，两边以水平线条为主。线条挺直有力，尺度宜人，做得比较成功。

提篮桥监狱。民间称其为"提篮桥外国牢监"。此建筑位于虹口华德路（今长阳路），这一带人们称"提篮桥"（地名）。提篮桥监狱是一幢大楼，形式属英国式。早在清同治七年（1868年），工部局就在厦门路建造起一座监狱，清光绪二十五年（1899年），工部局董事会决定要在虹口华德路建造一座大型监狱。除了牢房外，还有管理大楼、医院等。监狱四周有界墙，高5.2米。

近代城市，随着城市人口的增多，人们的吃饭问题显得突出了，主要的问题是人们如何买菜。上海原来是沿路设摊，或沿路叫卖。这种方式有碍市容，所以后来便建造小菜场。上海比较有名的菜场有三角地菜场、福州路菜场、西马路（今陕西北路）菜场等。此处说一下福州路菜场。此建筑建于1927年，位于福州路浙江路。此建筑为四层钢筋混凝土建筑，叫福州路菜场，又叫"四马路菜场"，或叫"上海水产公司"。此建筑共四层，下面三层是菜场，最上面一层是工部局机关使用。

上海江海关大楼。这座建筑在上海外滩中山东一路13号，称得上是近代上海最主要的标志性建筑之一。今之建筑于1927年建成，建筑面积达3万余平方米。此楼分东、西两部分，东部主立面面对黄浦江，高8层，上有钟楼，方形平面，四面对称，顶上四面均设钟面。西部一直延伸至四川中路，高5层，钢筋混凝土结构，外立面饰以花岗石。其形式为新古典主义。但从这座建筑的整体风格来说，当属折中主义。它的上部垂直线较明显，有点倾向于新哥特主义，但它又融以文艺复兴惯用的水平挑檐。建筑的细部则又有装饰主义特征。下部柱廊用四根希腊陶立克式柱，又含有希腊复兴的倾向，所以断定它为折中主义风格。

海关进门处为大厅，贴金花纹的大理石柱。顶部采用彩色石膏花饰。进大门中央，上有八角斗形穹顶。八面有8幅马赛克拼成的历代帆船和战舰壁画。二三层很高，每层约5米余。一至六层的楼面都有大小不同的门厅，门内为铜框嵌花格玻璃制成。大厅、门厅的地坪、楼梯、走廊都以马赛克铺成。二至六层各室，皆铺柚木拼花地板。（图8-8）

图8-8 上海江海关大楼形象

上海电力公司大楼。此建筑位于今南京东路江西中路路口，建于1929年。这座建筑高六层，钢筋混凝土框架结构，外形强调垂直线。顶部用包檐做法，檐部（女儿墙）有简洁的装饰，细部处理恰如其分，收头合理。外墙面用褐红色面砖。立面虚实处理较好，富有节奏感。从建筑风格来说，其当属装饰主义。

消防队大楼。据清代《光绪上海县续志》记载，光绪三十三年（1907年），有几家开设在租界里的外资火险公司，准备在老城厢打开火险市场。同年，在上海老城厢内外，工部局总董李平书、万家公益总东毛子及等提议建立救火联合会。根据章程，万家公益会会所作为救火联合会会所。上海知县李超琼也拨出原小南门内今中华路乔家路一带0.17公顷土地建造楼房，作为会员聚会场所，并在这里建造瞭望台及火警楼。1927年救火联合会解散，上海的消防机构划归市公安局消防股。

上海近代诸多消防站，要数虹口的武进路消防站大楼建造得比较典型，而且至今保存完好。这座消防队大楼位于武进路560号，吴淞路武进路交叉口的东北角。这座建筑建于1917年，共三层，底层为车库和值班室，二三层为宿舍。平面布局与转角处做弧形凹进。二三层立面上有通长阳台栏杆，屋顶中央耸立一座瞭望塔，从建筑造型来说，形成构图中心。外墙底层做成仿石抹灰墙面，二三层为红砖清水墙面，墙壁和窗口亦有仿石饰面，檐部有齿饰。整座建筑构图完整，特别是正立面，比例匀称，虚实得体。其由于用了强烈的水平檐部和转角隅石等处理，所以属意大利文艺复兴建筑风格。

8.4.2 银行和保险公司

我国古代只有票号和钱庄，银行这种金融机构也是近代从国外引进的。当时的银行，也多在上海，还有的在天津、广州、武汉等地。此处说几座银行建筑。

上海外滩的华俄道胜银行。上海外滩中山东一路15号（九江路口），最早是华俄道胜银行之所在，后来成了中央银行上海分行行址，今为中国外汇交易中心所在。这里本是颠地洋行的房子，后来转卖给华俄道胜银行，于是翻建新屋（1910年）。今之建筑总面积5000余平方米，三层钢筋混凝土框架结构，外墙用釉面砖和花岗石。建筑外形属文艺复兴晚期形式，已具有某些巴洛克风格。正立面中轴线对称，大门左右四个券窗，均用扁拱，上面两层以六根爱奥尼柱作为装饰，使构图整齐，总体完美。二层中间三个半圆拱窗，两边则是长方形的窗框，其上部用扁三角形装饰。屋檐出檐深远，齿饰等装饰华丽，并以人像雕塑饰于水平檐之下，显示出巴洛克建筑艺术的华贵之感。大门前上方设山花，下面左右各设一对塔斯干柱子，意象出巴洛克的双柱廊做法。

东方汇理银行。此建筑建于1922年，从建筑外形来看，基本上是法国古典主义兼巴洛克风格。建筑立面采用古典主义惯用的三段式构图。底层中间为三个高大的拱门，上部呈圆弧形，兼有巴洛克式断山花。左右两间有三个窗，墙面为工整的长方形石块叠砌，很有体积感。二、三层有通长的爱奥尼柱，与门窗和墙面比例适度，二层窗外有廊式阳台。顶部出檐较深，檐部有精美的齿饰及其他图案。立面上做了好几处浮雕装饰，如门、窗额、墙面上部，柱头及顶层局部的正面等，也增加了巴洛克风格特征。

该建筑的内部，大厅内楼梯置于显要的地位，显得很有气派。墙面及地面多处用大理石贴面。营业厅顶部是玻璃天棚，采光很好，这种形式为当时上海许多银行建筑所常用。建筑外形有坚实感，内部明亮通透，彰显出既坚固可靠又渠道畅通的银行理念。

汇丰银行。此建筑位于外滩中山东一路12号，上海江海关的南侧，如今已改为浦东发展银行，如图8-9所示。这座建筑建于1923年。建筑高五层，中间主体高七层，另外还有地下室。此建筑不但体量巨大，而且形态雄伟，当时被称为"从苏伊士运河到白令海峡的一座最讲究的建筑"。这座建筑采用西方古典主义形式，正中高，两翼低。正中以一个半圆球顶形成构图中心。两翼五层，立面上纵、横均可分三部分。纵向是上、中、下三部分：上部是第五层；下部一个檐部，以一条强烈的水平线作为分隔；中部第四至第二层，然后又是一条强烈的水平线，与底层分开。底层较高，几乎占一层半的高度。这种立面构图，就是西方古典主义构图中的"三段式"法则，以严格的1：3：2的比例构成。横向所分的三

图8-9 汇丰银行（今浦东发展银行）平面图、立面图

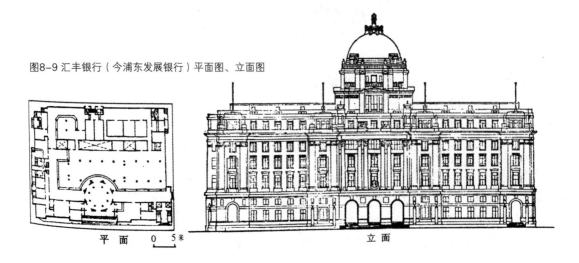

平面　0　5米　　　　　　　　立面

图8-10 汇丰银行（今浦东发展银行）外观

部分是中部双柱廊，南北两翼，其比例关系是2：1：2，主次
分明，虚实得体。底层圆厅内有一个长方形的营业大厅，体量
硕大，装修豪华。主体立面，下部是三个罗马式拱门，比例为
典型的古典主义形式。上部为双柱廊，以六根（两端单柱，中
间两对柱）科林斯柱式的巨柱构成。立面凹凸分明，富有雕塑
感。（图8-10）

中国银行大楼。此建筑位于外滩中山东一路23号。外形
如图8-11所示。此建筑建成于1937年。这座建筑原设计为34
层，但由于它的南侧为沙逊大厦，其业主作梗，官司一直打到
伦敦，结果只好修改设计，削减为17层，高度比沙逊大厦低60
厘米。这也是我国近代史中的一个耻辱。

中国银行大楼前部是个塔状建筑，总高17层，钢结构，
后部四层，局部六层或八层，钢筋混凝土结构，还有地下室保
险库。这座建筑在造型上属装饰艺术派，外墙用青石饰面，强
调垂直线条和几何图案，顶部两侧呈台阶状，塔楼部分冠以蓝
色的四方形攒尖顶，檐下有斗拱装饰，正面两侧配以镂空花格
窗，是外滩唯一的一座具有中国传统特色的早期现代高层建
筑，也是20世纪30年代外滩唯一的一座由中国建筑师设计并经
外国建筑师参与工作的大型建筑。

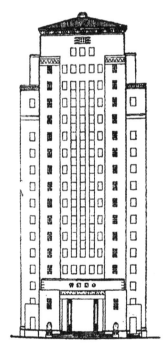

图8-11 中国银行大楼立面图

天津近代也有许多银行和保险公司，这里说天津麦加利银行。此建筑位于今天津和平区解放路153号，1926年建成，建筑面积5000余平方米，两层，钢筋混凝土结构，楼内共有房屋107间。建筑外形属希腊复兴风格，正立面正中六根爱奥尼圆柱，南侧立面设六根倚柱，柱子做得十分精美，比例匀称，细部精致。台阶上有西方古典式的大花盆，分列两旁，并用铁链连接成护卫栏杆。整座建筑庄重典雅。大楼底层营业大厅，面积达600平方米。地面用意大利进口的彩色大理石，装修豪华。

汉口地处长江中游，水上交通发达，又加南北交通也畅通，有京汉、粤汉铁路贯通，所以是个理想的商业城市。近代以来，汉口发展迅速，此处只说汉口的汇丰银行大楼。这座建筑建于1917年，建筑总面积达10000余平方米，三层钢筋混凝土结构。此建筑坐落在汉口的沿江大道上，与江汉关等建筑一起，形成一个建筑群，与上海外滩建筑群相似。汉口汇丰银行造型为古典复兴式，对称中轴线构图，10根贴石圆柱构成柱廊式立面，形象很完整。但上面檐部似乎太高，上下之间的比例关系不及上海汇丰银行来得妥帖。

8.4.3 交通、邮电建筑

先说上海北火车站。上海近代有东、南、西、北四个火车站，以北站为最大，为总站。东站是个货运车站。西站是个小站（今改名为长宁站），不是始发站。那时南站走南线，为沪杭甬铁路的车站，抗日战争时，此车站被日机炸毁，后来一直没有修复。

上海北站最早于1904年设在恒丰路处，1907年建成并投入使用。为使沪宁铁路与吴淞铁路相通，人们在宝山路天目中路又建造起一座车站，由于它地处上海偏北，故叫"北站"。此车站于1909年竣工，为沪宁铁路客运站。这个站屋在"一·二八"和"八一三"两次战火中均遭日机轰炸，但它一直作为上海火车站到1987年新客站建成才停止使用，前后共达78年。重建后的北站，占地1500平方米，建筑面积近5000平方米，站屋平面长方形，南北长约60米，东西宽约25米。建筑为钢筋混凝土结构。外墙下部用花岗石，上部为红砖清水墙，中间嵌砌数条白石水平线。门窗形式以半圆拱为主，间有长方形，正立面中间有雨篷，上面有一对五层高塔，对称布局，正中第三层有一个特大的半圆拱窗，其下（第二层）为三个小圆拱窗，以示火车站，同时也强调了中轴线。正立面两端的二三层又重复中间的做法，以示呼应，强调建筑的对称性。屋顶为四坡顶，交接合理。

重建后的北站建筑形象，外形大为简化，变得有些不伦不类，只是以实用为主，只能满足物质功能的要求。

大北电报局，位于今上海外滩中山东一路7号，今之建筑就是当年的丹麦大北电报公司大楼。如今的这座建筑建成于1906年。这座建筑造型属后期文艺复兴和巴洛克混合风格，但在整体上还是很和谐的。窗的形式富于变化，二层窗上都用半圆形和三角形结合（交互排列），有窗楣。三四层的窗是一般的长方形窗。底层的窗在两端用扁圆拱，做得很有深度感，这是巴洛克风格惯用的手法。顶上两端做出似塔楼的形式，窗上部用较深的半圆柱窗楣，顶上用强烈曲线形的亭式屋顶，有明显的巴洛克风格。大楼表面自下而上用材由粗质到细质，是典型的文艺复兴手法。

8.4.4 商业建筑

从古代到近代，商业建筑的变化也是明显的。这种变化，一是体量由小到大，二是营业方式也变了。以前是顾客在店外（隔着柜台）购物，从近代起，好多商店顾客可以走进店内选购商品。近代商业建筑也要算上海最多也最大。上海南京东路"四大公司"（先施、永安、新新、大新）最为有名。

先施公司位于上海南京东路浙江中路交叉口的西北隅，于1917年建成，专营百货。建筑高七层，下面沿马路设廊。一年后，在先施公司对面开设的一家大型百货公司永安公司，高六层，营业性质相同，但永安公司屋顶上有"倚云阁"（茶楼），其高度超过先施公司。于是先施公司便在马路转角处建塔楼，曰"摩星塔"，高度反超永安公司。永安公司后来在其东建"新永安大楼"，高22层，1933年建成，高度大大超过先施公司。后来抗战爆发，竞争只好作罢。这说明商业竞争也与建筑有关。

南京东路贵州路口，今上海第一食品商店，最早为新新公司，建于1926年，其建筑形式采用当时流行的新古典主义。"四大公司"中最晚建造的是位于南京东路西藏中路交叉口东北侧的大新公司（今为上海市第一百货商店），建成于1935年年底。这座建筑外观属装饰艺术风格，共十层，室内有当时世界上最新的自动扶梯，人们纷纷前往，一乘为快，故生意兴隆。（图8-12、图8-13）

图8-12 上海市第一百货商店
（原大新公司）外观

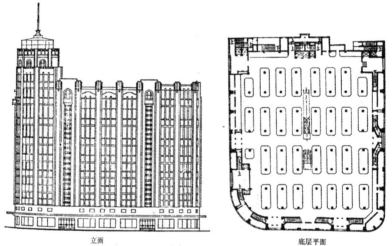

立面　　　　　　　　　　　　底层平面

图8-13 上海市第一百货商店（原大新公司）立面图、底层平面图

8.5 公共建筑（下）

8.5.1 学校

　　清朝于清光绪三十一年（1906年），颁诏"立停科举，以广学校"，科举制度遂正式被废除。其实，在这之前学校（大、中、小学）早已出现，如上海交通大学创办于1896年，浙江省绍兴府中学堂创办于1897年，北京京师大学堂（北京大学的前身）创办于1898年等，不胜枚举。废除科举后，特别是民国以后，学校

的兴办更似雨后春笋。此处，对几座典型的学校建筑做一些分析。

上海圣约翰大学。此学校在今万航渡路，现在这里是华东政法大学。早在1879年，美国圣公会将培雅、度恩两书院合并为圣约翰学院，次年增设大学部，以后又改为"圣约翰大学"。这是近代上海较早开办的一所教会学校。其中的校舍建筑风格比较统一，如怀施堂、科学馆、恩颜堂、思孟堂等都是二至三层的砖木结构房子，下部拱形门窗，上面坡屋顶、翘角，屋面上铺小青瓦，基本上是中国传统建筑形式。

上海的中法学堂位于法租界公馆马路（今金陵东路）敏体泥荫路（今西藏南路）。清光绪年间，法租界公董局萨坡赛因为法租界里的中国巡捕不懂法语而引出不必要的事端，难以维持好治安，所以向公董局提出建议，开办一所专门教法语的义务学校。公董局同意后，由萨坡赛、莫里斯、杜纳德等组成委员会筹建这所学校，校名为"法语书馆"。清光绪十三年（1887年），其在公馆马路63号正式开学。后来学校建造新校舍，即今之光明中学校舍。学校的校门本来开在敏体泥荫路，进门有长廊，大门内北面一间是校长室。此建筑共三层，一、二层是教室。建筑面积6700余平方米。建筑平面呈"凸"字形，分中部及左右两翼，中部走廊两面是教室，两翼只是北面有教室，中部及西翼建于1913年，东翼建于1923年。

中法学堂的建筑造型颇有特色，对称中轴线布局，形式以罗马风和新艺术派

图8-14 武汉大学正门

为主，从总体上说属折中主义风格。红砖清水外墙，比较端庄。窗上增设百叶窗。当时冬季教室里用火炉取暖。

武汉大学位于湖北武昌东湖珞珈山。最早这里是自强学堂（1893年），后来改为"方言学堂"（1897年），1913年为国立武昌高等师范学校，1924年改为"武昌大学"，1928年改名为"国立武汉大学"。校舍规模较大，风景秀丽，是一座我国近代的理想的高等学府。校舍包括文、法、理、工、农、医六个学院，有大礼堂、图书馆、体育馆、饭厅以及学生和教工宿舍、实验工厂等。其中图书馆建筑在近代建筑史上也很有名。这是一座外形为中国古典式大屋顶（歇山顶）建筑，建于1934年，平面对称，包括阅览大厅、书库及图书馆管理用房，使用功能也较合理。（图8-14）

8.5.2 医院

我国古代，治病服药这一系统比较简单。医生称郎中，人们请他到宅内来给病人诊病，然后他开一张药方，让人到药店里取（买）药，然后回家里来煎药，给病人服之。有的郎中在药店里给病人诊病，叫"坐堂"，所以药店之名叫"堂"。如杭州的胡庆余堂、绍兴的震元堂、北京的同仁堂、上海的童涵春堂等。西方文化东渐，也带来了医疗方面的内容，其中医院这种形式也就在近代中国出现。在此说几个我国近代的医院及其建筑。

上海广慈医院，即今之瑞金医院，位于金神父路（今瑞金二路）。广慈医院于1907年由法国天主教会创办，是一座贵族医院。医院中各幢建筑风格不统一，其中三等病房和维多利亚护士宿舍是现代主义风格的，利用外走廊和阳台，形成强烈的水平线条，比例匀称，可以说是优秀的现代派建筑。

北京协和医学院，是医院与医科学校相结合的形式，位于北京王府井大街东。1904年由英国医学会的柯灵发起，之后其联合英美等国教会团体在北京建立"协和医学堂"。其于1906年正式招生，后来即作为此医学院创办之年。建筑比较分散，其中办公楼为二层楼房，平面"山"字形，有教室、实验室、图书室等。1925年至1928年，美国洛克菲勒基金会出资进行校园建设，第一期建礼堂、解剖学楼、生物化学楼、生理药理楼、病房、门诊楼及宿舍等，共11座建筑，各楼均有连廊相通。建筑总体呈十字形。建筑形式采用我国古代宫殿式，即所谓大屋顶形式。绿色琉璃瓦庑殿顶，用砖做出斗拱、枋子等形式，飞檐翘角，朱柱石阶，一派宫廷之气。

图8-15 上海大世界

8.5.3 文娱性建筑

上海大世界，位于今西藏中路延安东路交叉路口的东南侧，这是一处闻名遐迩的近代游乐场所。此建筑建成于1925年，钢筋混凝土结构。建筑共四层，总体形状呈"L"形。大世界底层出租，开设食品、百货等各种店铺，其内部为娱乐室、茶室及休息室等。上面几层开设各种文娱游戏场所。

大世界入口处四层楼屋顶上被设四层高的空塔，作为标志物，以招徕顾客、游人。在空塔的最高处置水箱，其想法甚妙。

大世界一进门，就有"哈哈镜"迎接游客，让人们未入大世界先一笑，这是一种别出心裁的做法。里面有不少剧场，有京剧、沪剧、越剧、扬剧、甬剧、曲艺等等，可谓应有尽有，还有电影场、游艺场、棋牌室、乒乓室、露天音乐厅、杂技和魔术表演等。图8-15为大世界外形。

跑马总会。此建筑如今是上海美术馆，位于人民广场的西北角，南京西路黄陂北路，建成于1933年。此建筑一、二层与跑马厅看台相连，会员看赛马在三层的长廊内。底层设售票处、领奖处。二层是会员俱乐部，内有阅览室、游戏室、弹子房及咖啡馆等。三层有会员包房、餐厅等，四层是职工宿舍。在近南京西路处还有一座钟楼，其为平面正方形，高8层，53米，上面有四坡方尖顶。钟楼上面四面有钟。其风格为西方晚期古典主义与折中主义的结合，比例匀称，体态端庄，不失为上海近代优秀建筑之一。

图8-16 国泰大戏院（今国泰电影院）外观

图8-17 上海音乐厅外观

大光明大戏院，位于今上海南京西路黄河路口，于1933年建成，即现在的大光明电影院，由著名匈牙利建筑师乌达克设计。这座建筑的外形，以大片乳白色玻璃做成的长方形高塔作为标志性形象。下面入口处有大型雨篷，也十分夺目。建筑立面采用横竖交错的线形组合起来，如同抽象雕塑，属现代装饰艺术派。

国泰大戏院，位于今淮海中路茂名南路交叉路口的东北角，建于20世纪30年代初。内部陈设用西方古典主义建筑风格，豪华、舒适。建筑外形属装饰艺术派。（图8-16）

上海音乐厅，最早叫"南京大戏院"，是个电影院，建于1930年，位于爱多亚路（今延安东路）与麦高包禄路（今龙门路）交叉路口的西南角。建筑外形属古典复兴式。2002年底，这里因设轨道交通线，将这座建筑整体平移66米，并提升3.38米，获得成功。这样既保护了优秀建筑，在技术上又是一个了不起的创举。（图8-17）

8.5.4 公园

公园也是近代从西方传入我国的。我国古代只有皇家苑囿、私家园林及寺庙园林。我国近代公园，最早出现在租界。此处说几座上海近代的公园。

外滩的公家花园，是上海最早的公园，建成于1868年8月8日。公园的形式属西方园林形式，内有宽广的草坪，草坪上有音乐厅等。林木茂盛，宜于游人歇息。当时公园门口有一块告示牌，其中有"华人不得入内""狗不得入内"等字句。当时上海各界对此十分不满，后来经多次谈判，公共租界工部局才于1886年5月同意对华人开放，但又规定须穿西装和日本装。这是近代中国所受的耻辱。新中国成立之后，这里改为"黄浦公园"，大家都可入园游赏。

复兴公园位于拉斐德路（今复兴中路）华龙路（今雁荡路），建成于1908年，当时称"顾家宅公园"，俗称"法国公园"。抗战胜利后改名为"复兴公园"，此名一直沿用至今。复兴公园在整体上有强烈的欧洲风味，特别是北边的东、西两处。东为大草坪，其南有喷水池、花坛，北为放射形中心对称的草坪和小径，具有法国古典主义园林特征；西南的月季花坛、椭圆形的草坪和道路，属于法国路易十五时代的洛可可风格。

虹口公园位于四川路界外靶子场，1925年建成并开放，初称"新靶子场公园"，1922年改称"虹口公园"。此公园边上建有高尔夫球场及运动场，1931年5月，此处举行了第二届远东运动会；1931年5月，又在此举行第五届。抗战期间上海沦陷，公园改名为"新公园"，胜利后改名"中正公园"。新中国成立后仍改名"虹口公园"。如今又改名,称"鲁迅公园"。

兆丰公园又名"极司菲尔公园",就是现在的中山公园。此园规模较大,占地320余亩,其总体为西式格调,园之大门为典型的英国乡村建筑风格。园内建筑风格多样,有西式的,也有日本式的及中国传统式的,可谓"海派"风格。园中林木,讲究整体性、大块面。如今这些树木已长得高大茂密,更觉空间深郁。

复习思考题

1.举例分析我国近代住宅中的里弄住宅。

2.举例分析我国近代住宅中的高层公寓。

3.试分析上海近代的江海关大楼。

4.简要分析上海外滩的汇丰银行大楼。

5.试试回答中法学堂建筑属什么风格,并做简要分析。

6.简要分析上海大光明大戏院的风格特征。

第九章

现当代建筑

9.1 现当代社会文化与建筑

9.1.1 概说

何谓现当代？所谓现代（Modern），是指与当今比较近的一段时间。当代（Contemporary）是指发生在眼面前的事。当代的事是"新闻"性的，现当代其实是个混称，建筑的现当代，是指现当代的建筑及其思潮。

我国的现代建筑，一般是从新中国成立开始至20世纪70年代；当代建筑是从20世纪80年代"改革开放"至21世纪初。从实际情况来说，现当代中国建筑分作前后两段时间。前30年，由于种种原因，成效不多；后20年成效甚大。

前30年，我国的建筑主要成就是"国庆十周年"（1959年）的北京"十大建筑"。以后的时间，一是由于经济上的困难，二是由于极"左"思潮，所以建筑上非但成绩不多，还走了许多弯路。后20年在"改革开放"的政策下，我国的建筑事业有了特大的进展。广州、上海、北京等地，建筑面貌为之大变，同时也实现了"与国际接轨"。20世纪末，北京召开了第20届世界建筑师大会，并通过了《北京宪章》；世界上许多著名的建筑师纷纷来我国，有的做考察，有的来讲学，他们十分羡慕我国的建筑事业，建筑师有用武之地。也有许多外国著名建筑师投身中国的建设，出方案，做设计，与我国建筑师愉快地合作。

20世纪50年代至70年代的建筑成就大体包括以下几方面。

一是工业建筑。新中国成立后，百废待兴，当时一个指导思想是首先要发展工业。因此，工厂的建设是首要的。鞍山钢铁厂、第一汽车制造厂、拖拉机制造厂以及其他如造船厂、机器制造厂、汽轮机厂、发电厂等，诞生的工厂不胜枚举。轻工业方面也有不少的成就，如建造了纺织厂、仪表厂、面粉厂、制皂厂、食品加工厂等。

从新中国成立到20世纪60年代末，我国已基本形成了一个比较像样的工业生产系统。从建筑来说，主要的成就是在建筑工程技术上，不在建筑艺术造型上。当时钢筋混凝土结构、钢结构等方面，建筑材料方面，以及施工管理和施工技术诸方面，都有长足的进步，取得了多方面的成绩。

9.1.2 北京"十大建筑"

为了庆祝中华人民共和国建国十周年，国家在北京要建造十座重要的建筑，即人民大会堂、中国革命与中国历史博物馆、中国人民革命军事博物馆、全国农业展览馆、民族文化宫、民族饭店、北京火车站、工人体育场、华侨饭店。

人民大会堂，建成于1959年9月，建筑面积达17万平方米。这座建筑连设计带施工，只用了10个月时间，可谓"大跃进"速度。人民大会堂包括万人大会堂、大宴会厅和人大常委会办公楼三部分。大会堂宽76米，深60米，高32米，里面可容万余人开会。人民大会堂造型雄伟壮丽，富有民族特色。主立面朝东，中间为柱廊，12根高约25米的柱子，十分庄严。

中国革命与中国历史博物馆两馆连在一起，位于天安门广场之东，与人民大会堂相对，建筑总面积65000平方米。平面呈"目"字形，中部为大门廊，北部是革命博物馆，南部是历史博物馆。门廊高32.7米，檐部用黄和绿两色花纹的琉璃砖镶砌。顶部中心有5.5米高、26.5米宽的红玻璃石子饰面的旗帜图案。门廊内为中心庭院。院的两侧各一内院。博物馆主要门庭位于中央庭院，向北为革命博物馆，向南为历史博物馆。

中国人民革命军事博物馆，位于北京城西玉渊潭公园前，主体建筑呈"山"字形，中央部分为7层，连同尖塔军徽在内，总高度94.7米，中央两翼为4层，东西两翼为3层。其中有陈列室20间，观众休息室大间，此外还有500人的电影馆等，总建筑面积为6万余平方米。

博物馆外表全部为花岗石色调，勒脚采用蘑菇石，屋檐用黄金色琉璃配件装饰，正门有一个两层高的门廊，入门厅是中央大厅，有14.3米高的柱子。全部墙面和地面都用各色大理石铺砌，中央装有红星灯（用红色有机玻璃制成），外面环绕桂叶环和金光芒线，中央大厅东西两侧，各有六米宽的大理石铺成的楼梯。底层末翼为第二次国内革命战争馆，西翼为抗日战争馆；二层东翼为第三次国内革命战争馆，西翼为保卫社会主义建设馆；三层东翼为抗美援朝馆；四层末翼为礼品馆。

民族文化宫是一座综合性的高层公共建筑，位于北京西长安街西单以西，建筑物由展览厅、陈列厅、专业图书馆、招待所、礼堂、文娱馆、餐厅等部分组成。这一工程的建造，体现了对全国各族人民的关怀和祖国统一团结、繁荣进步的景象。

这座建筑的外形为中间高，两侧低。外形材料用花岗石墙基，上部墙面用白色面砖，屋顶用的是蓝色琉璃瓦，总体效果文雅秀美。屋顶用民族形式方攒尖重檐式，中间一个大顶，四角用四个小顶，有主有次。两翼还有亭子，起到呼应的作用。此建筑的内部装修也属简洁明快格调。

北京火车站位于崇文门之东，建筑面积四万六千余平方米。车站用通过式，进站上高架，下车过地道出站。车站大楼中央大厅高34米，用预应力钢筋混凝土双曲扁壳屋顶。

北京工人体育场位于北京市东郊，总建筑面积近9万平方米，场的中央是一个能容纳8万观众的竞赛场，四周布置田径场、排球场、篮球场、游泳馆和国防体育俱乐部等。此体育场全部开放可容纳10万人。体育场占地面积35.4公顷。

9.1.3 工业建筑

我国从近代开始，出现工业建筑类型，古代只有作坊等建筑形式。新中国成立后，大力发展工业，因此工业建筑发展得很快。建国的头十年，国家贯彻"在优先发展重工业的同时相应地发展轻工业"的原则，建造起包括钢铁、机械制造、煤炭、化工、电力、建筑材料、纺织、食品以及其他轻工业等工业部门，初步形成了一个完整的工业体系。

在此基础上，我国的工业及其建筑，一步步地赶上甚至超过世界先进水平，建造起包括发电厂、水电站、钢铁厂、机械制造厂、建筑材料厂等工业建筑。

除此之外，建筑材料本身也得到了巨大的发展，许多先进的结构形式不断地出现，如空间钢管网架结构、悬索结构、薄壳结构等，都是中国人自己设计、自己建造的，好多方面达到国际领先水平。

9.1.4 困难时期的建筑和极"左"思潮影响下的建筑

20世纪60至70年代，我国经历了自然灾害等困难时期和"文革"时期。这一时期建筑领域虽然也有一些成就，如建成北京工人体育馆、首都体育馆、上海体育馆等，但总的来说成就不多。

北京工人体育馆建成于1961年，为第26届世界乒乓球锦标赛而建。此建筑位于北京东郊，圆形平面，内可容纳15000名观众。除了乒乓球比赛外，其还可以举办羽毛球、体操等比赛。这座建筑用悬索结构屋顶，外形比例匀称，虚实得体。

上海体育馆位于上海市西南，建成于1975年。此建筑的平面为圆形，直径达114米，用的是钢管网架，里面可容纳18000名观众。这座体育馆可以举办篮球、排球、乒乓球、羽毛球、体操、技巧等项目的比赛。

这一段时期我国的建设成就不多，而且还受到极"左"思潮的干扰。当时建造的纪念性建筑或纪念碑，其高度必须做成10.1米、12.6米等，以表示某种"意义"。

9.2 改革开放后的建筑

9.2.1 南方之风吹来了春天

20世纪70年代末，党的十一届三中全会吹响了"改革开放"的嘹亮号角。广州等地开始加快建设步伐。与此同时，建筑界在建筑思潮上也有新的突破，设计、建造了许多有影响力的建筑。此处分析几个实例。

广州白天鹅宾馆。此建筑建成于1984年。第二年，其被"世界第一流旅馆组织"接纳为成员。此建筑主楼高100米，共34层。这座建筑的特点是空间组织得很有条理和富有艺术情趣，特别是中庭空间，被认为是做得很出色的共享空间。

广州的另一座著名建筑是中国大酒店，被认为是"在有限的土地空间限制下（包括高度，受航空线限制），得到最大的使用空间，并有相应水准的环境质量"。设计者用的手法是"外封闭，内开放"。建筑内外，均采用暖色调，并结合传统建筑形式，形态十分和谐。此建筑高62米，18层，总建筑面积近16万平方米，于1985年建成。

广东天河体育中心。这是一处建筑群体，位于广州市天河区，占地54.54公顷，总建筑面积近25万平方米，于1987年建成。天河体育中心以大型体育场为中心，其余建筑包括体育馆、游泳池馆及其他附属性建筑。

体育场建筑面积为6.5万千余平方米，南北轴长194米，东西轴长130米，场内可举行田径、足球等大型体育比赛项目，可容纳观众6万余人。

体育馆面积达两万两千余平方米，可容纳观众近8000人。馆内可举行篮球、排球、羽毛球、手球、乒乓球、体操等比赛。建筑的屋顶为正六角形，用钢管网架结构，建筑外形简洁、舒展，有力度感。

9.2.2 上海的新建筑

"改革开放"后，上海的建设略晚于广东，但其势头更大，从20世纪90年代开始，上海的建设可谓突飞猛进。此处，分析几座重要的建筑。

人民大厦。此建筑建成于1994年，共19层，高72米余，建筑总面积为8.8万平方米。建筑采用东西伸展式布局，中轴线（南北向）对称，下部设有敞厅和展示厅。建筑外形庄重，色彩明快。这座建筑造型较稳健，上、下两部分比例适度。立面处理左、中、右三段比例合理，主次分明。窗的设计符合变化与统一法则。建筑前有广场，为下沉式，中间置喷泉，地面上有上海市地图的图案，给人一种既庄重又有人情味之感。广场上配合绿地，是一个市民休闲的好去处。

上海博物馆。此建筑位于人民广场南侧，与北面的人民大厦在同一条中轴线上，使人民广场形成一个完整的空间。这座建筑建成于1994年，共7层，高29.5米，建筑总面积3.8万平方米。这是一座具备较高的现代陈展技术的博物馆，里面主要展品是我国艺术文化史上的瑰宝，包括绘画、雕塑、书法、瓷器、青铜器等。其以开放式布局，组合活动空间。从艺术造型来说，其形态也是完美和谐的，它以我国传统的"天圆地方"的学说进行构思，有独到之处。这在表现我国建筑的民族形式上是一个重要的创举，因为它突破了凡是表现民族形式总是"大屋顶"的框框。

东方明珠电视塔建成于1994年。此塔坐落在外滩黄浦江对面的浦东新区陆家嘴。此塔高468米，它的造型别致，用大小11个球组成，隐含着"大珠小珠落玉盘"之诗意。图9-1就是其外观。东方明珠电视塔集电视信号发射、旅游观光、文化娱乐、购物及空中旅馆于一体。此塔由三根直径为9米的大柱组成。三个空间球体，两大一小，球体内即供上述功能而用。塔体比例适度，上下关系得当。其夜间照明利用泛光照明形式。一到夜间，塔体通明，五光十色，表现出上海当今的辉煌和未来的前程似锦。

图9-1 东方明珠电视塔外观及周边（1994年）

上海图书馆（新馆），位于淮海中路高安路口，于1996年建成。这座建筑由两个塔楼和一大片裙房组成，它的顶点（高的那一座）离地106.9米。高塔楼共24层，低塔楼共11层，裙房5层。图书馆总建筑面积8.3万平方米。建筑总体布局得当：北广场庄重文静，入口处具有比较强烈的中轴线构图；南广场自由布局，秀美而有情趣。整座建筑以多维台阶式块体组成，象征文化积淀的坚实基础和人类对知识高峰的不断攀登。入口前用圆形柱廊作为装饰，展现出智慧主题。塔楼顶端用方攒尖顶形式，还能使人联想起原来的南京西路黄陂路老图书馆的某种形态。（图9-2）

此建筑的平面采用开敞式布局，采编、阅览、藏书三大部分既独立又有联系。阅览、视听动与静分区明确，给人以良好的文化知识环境。图书馆大厅是个共享空间，格调高雅，给人以清丽文秀之感。

上海大剧院坐落在人民广场的西北侧，此建筑建成于1998年，总建筑面积6.28万平方米。这座建筑是由法国夏氏建筑事务所设计的。建筑造型独特，材料先进，灯光设计构思独特。整座建筑好似一块精雕细琢而成的美玉，晶莹透亮，给人以"凝固的音乐"之感。（图9-3）

图9-2 上海图书馆（新馆）外观

图9-3 上海大剧院外观

图9-4 上海体育场外观

此建筑的屋顶利用反凹曲面形式，不但造型别致，而且顶上还设露天音乐厅。如遇天雨，还有玻璃顶盖。若逢月夜，则可谓上下天光，交相辉映，神妙非凡。大剧院两侧有八片瀑布，水流昼夜不停，从高空俯视，建筑、绿地、水面，形态十分动人，妙不可言。

上海体育场建成于1997年。此体育场坐落在上海体育馆的东侧，两者以东西向中轴线对位，总体关系妥帖，连同毗连的上海游泳馆及其他体育设施，形成一个相当完备的体育运动区，可以承办大型的国际性综合运动会。体育场可容8万观众，建筑总面积16.7万平方米，基地面积近20万平方米。中间是一个田径场兼足球场，标准的半圆弧式400米跑道。体育场共有四个入口、三层看台，交通组织合理，入场散场安全而有秩序。特别是在上、下看台中间，还有一圈包房，共100间，可谓别出心裁。此体育场平面呈圆形，直径270米，比赛场呈椭圆形。观众席的顶盖采用马鞍形钢架结构，钢架上分格地设屋顶，看上去刚中有柔，新颖别致，堪称国际一流造型。（图9-4）

上海商城建于1990年，它在上海近20年来的新建筑中有比较高的地位。上海商城坐落在南京西路上海展览中心之北，总建筑面积18.6万平方米，建筑方案为国际一流建筑师波特曼所做，当时也轰动国内外。这是一座综合性的建筑，包括商住、办公、娱乐等。此建筑高164.8米，共50层。我们要注意的是这座建筑的艺术造型。此建筑外形呈"山"字形，其主体为五星级波特曼大酒店，东西两侧为公寓，下部裙房内有大型多功能剧场。这座建筑的造型风格集古今中外于一体，可谓"海派"之典型了。正面下部用古代中国传统的宫廷大红柱，柱头用大方块装饰，象征斗拱。在正门的东西两侧，用了两个红色的大圆拱门，能使人联想起北京长安街上的两个大拱门。里面的空间做成中国庭院形式。三座塔式建筑的山墙，做出江南民居的马头山墙的形式。总之，在一座整体上很现代化的建筑中，置以诸多的中国传统建筑符号，而且又很和谐，这确实称得上是匠心独运了。

9.3 世纪之交的建筑

9.3.1 上海浦东的建筑

首先说浦东陆家嘴的上海环球金融中心，如图9-5。其建成于2008年，地上101层，地下3层，高达492米。作为房屋（不包括电视塔），其为全国第二高。1997年年初开工后，因受亚洲金融危机影响，工程曾一度停工。2003年2月工程复工。当时中国台北和香港都已在建480米高的摩天大厦，超过环球金融中心的原设计高度（460米）。由于日本方面兴建世界第一高楼的初衷不变，对原设计方案进行了修改。修改后的环球金融中心比原来增加7层，即达到地上101层，地下3层，楼层总面积约377，300平方米。上海环球金融中心是以办公为主，集商贸、宾馆、观光、会议等作用于一体的综合性大厦。建筑的94层至101层为观光层，79层至93层为超五星级的宾馆，7层至78层为写字楼，3层至5层为会议室，地下2层至3层为商业设施，地下3层至地下1层规划了约1100个停车位。

图9-5 上海环球金融中心外观

其次是上海浦东陆家嘴的金茂大厦，其建成于1998年，共88层，高达421米。作为房屋（不包括电视塔），其为中国大陆第三高楼。这是一座多功能综合大楼，其中有办公、旅馆、展览、会议、观演及购物等场所。主楼拔地而起，裙房在边上。主楼下部52层是办公楼，第53层是技术、设备层。从第54层开始直到第87层是旅馆，这里是五星级的凯悦大酒店，顶上第88层为观光层。人们到此，可以欣赏上海风光，大上海景色一览无余。大酒店底部到顶，中间部分是空的，是个高大无比的中庭，为世界最高的中庭，高度达153米。

金茂大厦的外形像我国古代的宝塔，这可谓建筑师之匠心独运（此建筑由美国SOM公司设计），创造了一种现代中国的、不失中国传统建筑文脉的建筑形象。（图9-6）

图9-6 金茂大厦外观

图9-7 世界金融大厦外观

世界金融大厦。此建筑位于浦东新区陆家嘴路和浦东南路交汇处的西北端，基地的西、南两侧临街。主楼正对着黄浦江和外滩。这是一座以商业办公为主的综合楼，建成于1996年。楼高167.8米，地上43层，地下3层，建筑总面积达8.8万平方米。此建筑由香港利安建筑设计工程开发股份（中国）有限公司和同济大学建筑设计研究院联合设计。

此建筑的主楼呈梭形，东、西两边为弧形，各设9间房间，加上南北两端各一间，每层共有房间20间，走道中间为筒芯，设电梯、楼梯、其他设备、服务性房间等，所以其功能既合理又经济。

这座建筑的外墙本来用玻璃幕墙，后来考虑到节约能源，做了改进，采用绿色镜面玻璃水平带形窗与天然花岗石制成的嵌有银色不锈钢装饰条带的窗间墙相间的处理手法，使建筑立面具有较理想的视觉效果。

此建筑以垂直方向作为分区，分低、中、高三个区：建筑的地下层至地面20层为低区，其中第15层为设备层。低区中布置了银行的营业大厅、证券交易厅、电脑管理中心、银行总部办公室及银行娱乐厅等。地面21层至39层为中区，布置了供出租的办公室，其中第30层为设备层。地面41层至43层为高区，布置多功能娱乐厅、中西餐厅及企业家俱乐部等。（图9-7）

高层建筑的造型，由于结构及其他技术上的原因，往往容易单调，唯一能使建筑变得有个性的，就是屋顶。顶部不宜只是一个平顶。这座建筑的顶部处理得十分巧妙，它在梭形（平面）的中间直插一块圆弧形的板状块体作为收头。同时在塔楼筒体与弧形版块体之间，有折角形梭形块体做过渡，使两者交接不生硬。同时，从上面各层开始，筒体中间开一直口，形成一条垂直向的槽口，顿时使造型活泼了许多。

更有意思的是顶上的圆弧形块体，这个圆弧（也有人形容它像一顶皇冠）的弧度正好与筒体平面的梭形弧度一致。这就是建筑美学中运用的手法——变化与统一，也是这座建筑所隐含的和谐性之所在。这种含蓄的手法，一经点破，令人神往。

上海证券大厦坐落在浦东新区陆家嘴金融贸易区。此建筑建成于1997年，由加拿大WZMH建筑事务所和上海建筑设计研究院联合设计。这座建筑高120.9米，地上27层，地下3层。建筑总面积10万余平方米。其功能是证券交易与办公，是一

图9-8 上海证券大厦

座智能型的建筑。（图9-8）

这座建筑由东、西塔楼及中央天桥组成，形成一个巨大的凯旋门式的形体。这里的主交易厅贯通6至9层，可供2000人使用。另外，还有两个辅助交易厅，贯通4至5层。第26、27层，设有高级俱乐部。

此大楼不仅很好地满足了证券交易要求，而且以各种现代科技设施，成为名副其实的"跨世纪建筑"。但更令人感兴趣的是它的外形。此建筑体量巨大，而且像一座凯旋门，可与巴黎"新凯旋门"德方斯大门相媲美。德方斯大门设在巴黎以西的德方斯新区，东通香榭丽舍大街，一条中轴线直抵卢浮宫。所以德方斯大门号称直通欧洲乃至全世界的巨门。可是这个门之高，也仅仅是105米，还不及证券大厦之高。

从建筑风格来说，证券大厦以其外形的结构物外露的形式，表现出高度的科学技术性，这也正是当代国际上流行的一种流派："高技派"。不过，这座建筑也有一个不足之处，这就是它的环境。如此有新意的、在造型上有独特个性的建筑，却令人遗憾地难以欣赏它。它的周围高楼林立，人们远观近看，都难以欣赏它的造型之美。这要责怪于地域的规划。

明天广场坐落在人民广场西北，南京西路黄陂北路处。此楼建成于2000年，是一座多功能综合性大楼，楼内可供办公、宾馆、会议、购物及娱乐等。明天广场的设计者是美国约翰·波特曼建筑设计事务所。

这座建筑的造型比较别致，它是以两个正方形平面的筒体在空中做上下方向的45°错位对接，来表达造型上的审美效果。这样做既没有影响使用功能，也没有影响建筑结构。这就是设计者的匠心了。

这座建筑的外形，由于它的尖塔式的造型，使人产生许多联想：一是能令人联想起整装待发的大型火箭，好像它即将发射飞向太空；二是能令人联想起意大利威尼斯圣马可广场上的钟塔，有某种建筑文化上的联系，妙不可言。

从建筑造型本身来说，这座建筑也符合形式美法则。变化与统一法则在这座建筑造型上得到了充分的表现。在这个建筑形象上，对于尖三角的运用达到大小、高低、方向等诸方面的变化，但始终保持尖三角形的形象，所以看起来有和谐之感，也不单调。这座建筑在比例上也比较完美，它的上部塔楼，不是在高度的一半处做45°转向，而是在比一半略高的地方，上、下两部分的比例接近黄金比（1：1.618），这也是它的一个处理巧妙之处。再从建筑的尺度上说，这座建筑也做得恰如其分。建筑不论大小、高低，只要它能使人感到具有某种与人体尺度有联系的形态，就是一种好的处理。如何达到这种效果？这就要靠建筑形象上的一些部件，如门、窗、栏杆、台阶等等，能使人感到这个建筑是人活动、使用的，这就是好的尺度效果。这座建筑虽然很高大，高近300米，但给人的尺度之感是和谐的、近人的，也是真实的。另外，正是由于这种窗的处理，令人产生某种节奏感和韵律感的效果。说建筑是"凝固的音乐"，正是指这种节奏和韵律的美感。

有人说，这座建筑之美，也可以从它的幸运说起，它能在城市远远近近的许多地方被看到，例如在中山南路处，有好几处地方都能望见它。但正因为它造型很美，所以我们应该庆幸，它从不同的角度、不同的距离，都很好看，也可以说它给上海城市轮廓线增添了美感。

浦东国际机场建成于1999年，位于浦东滨海地带，距上海市中心约30千米。这里有高速公路和地铁2号线相通，近年来又特别增加了磁悬浮列车，交通更方便。这个机场除了具备功能分区合理和流程简捷的现代高效率的特点外，还具有一些现代国际大型机场的特点，如具有开发有时序性和可持续性，对环境的重视，航站的开放性、明快性、通透性等等。这个机场一期工程总建筑面积28.8万平方米，主楼长402米，宽128米，用前列式布局，年容客流量达2000万人次，共有近机位28个，远机位11个。这座建筑的艺术造型，运用隐喻手法，那些曲面形的屋盖，蕴含着大鹏展翅的形态。它是建筑，不是雕塑，是意象的；但意象更能令人浮想联翩。另外，在室内，那些大型的曲面顶盖，用的是轻巧的拉杆和支承杆，形态甚美，它既是结构构件，同时也是饰物。（图9-9、图9-10）

图9-9 上海浦东国际机场外景

图9-10 上海浦东国际机场内景

9.3.2 展望未来

新的世纪有新的建筑动向，随着时间的推移，新的优秀的建筑在不断地涌现，如上海浦东国际机场、上海电视台大厦，以及北京的奥运中心场馆等等。在这些可喜成绩的面前，我们还需从建筑整体上来分析一下它的发展趋势。（图9-11）

1994年在《世界建筑》第2期刊登了一篇文章，题为《大趋势与建筑的十大趋势》，提出了今后建筑发展的十大趋势，值得关注。此处简要地说一说这十大趋势。

一是建筑功能的变化和类型的调整。如剧场，将不再像以前那样专为一种戏而建，而是走向多元化，可以演各种剧种，而且又是一个戏剧和音乐的信息中心。又如有的建筑是综合性的，既是住宅，又是公寓，又是商场，还有各种文化娱乐设施以及做陈展之用。

二是环境观：共享和互尊。强调环境保护，重视人的活动空间。环境中各个部分，应当是互尊、共享的，把环境中的建筑和其他对象拟人化，其实也是人自我情态的表述。

三是地域和民族格局的重组。建筑的民族性和地方性是两个学术界争论不休的大问题，但近年来这两个问题都在淡化。为什么？因为民族的界限在淡化，地方文化和情态也在淡化。其原因有三：一是由于交往，二是由于交往所带来的文化选择性，三是由于科学技术的进步。

四是社会总结构的变迁与时尚。谁拥有信息，谁就有优势，信息胜于资本。这是当今社会的一个重要特征。"智能建筑"，是个新的建筑形态。这种建筑具有许多特点，它不仅利用新的设施，更值得注意的是关系的改观。使用网络系统，建筑的布局当然也要相应地调整。办公用房的布置也起变化，不但要增添新设备，而且空间形态也要相应变化。

五是高情感与建筑美学的变迁。情态的变迁带来建筑形式的变化，从而也影响建筑美学的立足点。随着电视的普及和"文艺中心"的家庭化，人们担心电影院将会关门，但事实并非如此，电影事业仍很兴旺。要知道高技术会产生高情感，人们去电影院不再是单一地去看电影了，而是要在电影院里与好多人一起哭、一起笑，这种效果在家里是难以得到的。

六是社会的结构变革与建筑思潮。古代建筑把建筑艺术作为一种要素附加到建筑上，其目的着重在表现社会伦理和宗教上的含义，然后是纯粹的艺术手法；现代建筑把这种传统否定了。功能即艺术，形式服从于功能；时代性即艺术，建筑形式是不断革新的。可是，当今的建筑艺术也许更具有哲理性表述，建筑师的作品往往试图申明自己的哲学观、人生观及艺术观，所以我们又可以把它作为一个艺术哲学对象来看待。

七是设计过程和方法的变革。古代的建筑设计，着重的是伦理性、宗教性和技术性，因为它的功能模式很简单，而且是不变的，无论是西方的教堂和宫廷，还是中国的寺庙、宫殿和民宅等，都是如此。现代建筑则完全不同。功能（人的物质和精神的需求）被置于首要的位置，然后是经济、技术及美学问题。在这种框架下，建筑设计也就按照这种主次关系进行着，它们的操作过程则仍是相近的。现当代的建筑设计则正在进行着一次更大的变革！这就是随着电脑的发展，建筑设计也受到了冲击。在过去的一个阶段，技术经济方面用电脑进行设计这个问题已基本解决，当今面临的问题是如何将电脑技术用于建筑设计。

建筑设计是个绝对多元、多要素的对象，利用电脑做设计，首要的问题是如何着手于结构性策划和编码，所以有些人认为这是不可能的，人脑与电脑比较，孰优孰劣，一目了然。电脑之优势在此无法发挥，这是件令人苦恼的事。可是，当今世界上一些发达国家和地区，正在越来越多地利用电脑进行建筑设计了。因为随着电脑本身的发展，这种优势性正在朝着有利于建筑设计的方向转化。

图9-11 中国国家游泳中心——水立方

八是建筑内涵的变迁。室内设计是20世纪下半叶开始大盛的。建筑设计完成后，还需要进行室内装修设计。这兴许是随着物质生活提高，人们对环境的一种新的需求。最初，建筑师们似乎不太愿意花更多的精力在室内装修上，对其不屑一顾。而有些建筑师则愿意去开拓，终于把它独立出来，这也是"应运而生"吧。

建筑设计的室外部分也正在被肢解着。近年来，不论国内、国外，人们越来越把建筑作为环境的一部分来看待了。建筑设计的许多方面由城市设计去进行了，建筑的内部与外部也正在被室内装修和环境设计蚕食着。未来的建筑设计的界定如何，尚待考虑。但反过来可以说，建筑及其设计的含义更广了。它正在形成一个新的以"人的环境"为中心的空间系统。

九是人与建筑的全球性的考虑。随着全球人口的增多，人们的居住问题变得越来越严峻了。建筑师应当为此做些什么，值得重视。

十是从现实到未来的构想。有些国家正在考虑建造地下城，也有的在考虑在海上建造游动的城市。

作为一名建筑师，以上这十个方向值得我们重视。

复习思考题

1.北京"十大建筑"都有哪些？

2.简要分析上海大剧院建筑。

3.简要分析上海东方明珠电视塔。

4.上海人民广场边上的明天广场造型有什么特点？

5.试述当代建筑发展的"十大趋势"。

附录:课程教学大纲及课时安排

中文名称：中国建筑史

英文名称：Architectural History of China

授课专业：建筑学、环境艺术设计、城市规划设计、风景园林设计及相关专业

学时：每周3课时，17周，共51课时

课程内容：中国建筑历史及其相关理论

课程教学目标：

1.掌握从古代以来一直到当代时期，中国历史上出现的种种代表性的建筑、建造活动、建筑思想、著名建筑师等各种与建筑相关的内容，识别各种时期的建筑特征，剖析形成这些建造活动与建筑成就的社会、宗教、文化与科学技术的影响因素。

2.从理论与历史的阅读中来认识建筑的语言，使学生形成对功能、空间、形式、秩序、文脉和建构等建筑语汇的深层认识，加深对建筑文化现象的理解。

3.培养学生形成关于建筑历史与传统关系的基本观念，历史不是目的，传统将

单元	课堂教学课程内容 （作业课时不足，允许延迟完成）	课时分配		
		讲课	作业	小计
1	绪论和第一章　史前及先秦建筑	6		3
2	第二章　秦汉及魏晋南北朝建筑	3		3
3	第三章　隋、唐、五代建筑	9		6
4	第四章　两宋建筑	9		6
5	第五章　辽、金、西夏及元代建筑	3		3
6	第六章　明清建筑［上］	6		3
7	第七章　明清建筑［下］	6		3
8	第八章　近代建筑	6		3
9	第九章　现当代建筑	3		3

以某种方式影响着未来。

课程教学形式和作业要求：

以讲课为主，大量幻灯片、多媒体图像与参考文献配合，可适当安排主题性讲座和课堂讨论；课外作业除本教材上的习题外，可根据具体教学要求和目标为学生布置历史建筑抄绘、文献阅读以及论文写作等作业。

图书在版编目（CIP）数据

中国建筑史：增补版/沈福煦编著. —上海：上海人民美
术出版社，2021.12
ISBN 978-7-5586-2238-0

Ⅰ.①中... Ⅱ.①沈... Ⅲ.①建筑史-中国-高等学校-教
材Ⅳ.①TU-092
中国版本图书馆CIP数据核字（2021）第233168号

中国建筑史（增补版）

编　　著：沈福煦

统　　筹：姚宏翔

责任编辑：丁　雯

流程编辑：孙　铭

技术编辑：史　湧

出版发行：上海人民美术出版社

　　　　　（上海市闵行区号景路159弄A座7F　邮政编码：201101）

印　　刷：上海天地海设计印刷有限公司

开　　本：787×1092　1/16　印张 11.25

版　　次：2022年1月第1版

印　　次：2022年1月第1次

书　　号：ISBN 978-7-5586-2238-0

定　　价：48.00元